我用模組化簡報 解決 **99.9**% 的工作難題

簡報職人教你讓全球頂尖企業 都買單的企業簡報術

簡報職人

劉奕酉

著

簡報力是
職場晉升與加薪的關鍵能力

　　無論你是主管還是員工，簡報溝通都是職場晉升與加薪的關鍵能力。因為每天上班，我們都會面臨各種大大小小不同形式的會議。和主管報告工作進度，和同事協調內部資源，向客戶及合作夥伴介紹公司與商品，或者擔任公司外部的大型研討會或法人說明會的講者。

　　如何透過有效的溝通，傳達正確的關鍵訊息，解決對方的問題，或者說服對方解決自己的問題。成功的關鍵就在於你的簡報能力。

　　透過本書提供的模組化工具，你可以非常容易地透過四個步驟與書中提供的框架工具，解決你在工作上遇到的各種簡報疑難雜症。

　　因為作者具有半導體上市公司十多年的策略行銷實務經驗，所以非常擅長策略思考、問題解決、資訊視覺化等相關領域。所以不同於外面的簡報書籍，作者劉奕酉（Kevin）幫讀者設計了不少對工作很有幫助的思考框架，讓你可以用最簡單的方式，把複雜的資訊透過視覺流程化繁為簡，降低對方的理解門檻。透過邏輯化言之有據的方法，提高對方的認同度。最後則是透過有效的數據圖表與佐證資訊，真正解決對方的問題滿足需求，讓雙方達成共識。

另外，我覺得本書最特別的地方就是，你可以透過書中的簡報框架設計範本，幫自己的工作簡報做一次全面性的健康大體檢，了解你平常在工作上的簡報邏輯、內容層次、視覺風格要如何調整與改善。舉凡上班族最常遇到的五種工作場景，在本書都有完整案例分享與修改說明。

　　本書的最後，作者也分享他如何透過簡報行銷自己的品牌價值，從「受雇者」成功轉型成為一位「自雇者」的做法。我很喜歡 Kevin 在網路分享的一句話：「自雇者的自由，是選擇的自由；而這個選擇的背後，是能力的自由。」我想也是因為他對簡報的執著與努力，讓他可以透過這個專業能力成功創業。

　　我相信每一位讀者都可以透過這本好書的故事與案例，讓你的簡報能力與眾不同。非常推薦你也來和我一起閱讀這本《我用模組化簡報，解決 99.9% 的工作難題》。

蘇書平｜為你而讀執行長

想要設計好簡報，
請從目標受眾的角度出發

　　查看臉書的友誼紀錄，我和《我用模組化簡報，解決 99.9% 的工作難題》作者劉奕酉老師是自 2017 年 1 月以來的朋友。換言之，我們至少認識屆滿三年了！

　　同樣身為企業顧問與職業講師，這些年來我縱情於內容行銷、文案寫作與電商零售等領域，而年輕的奕酉老師則專注於職人簡報、策略規劃與商業思維的培訓、研究與實務操作，雖然彼此的領域不盡相同，倒也有些相通或足以互補之處。偶爾我會透過臉書和奕酉老師交流，也感受到他對簡報教學的熱情。

　　我知道統計科系出身的奕酉老師，搭配了一顆理工腦，而擁有相當清楚的數理邏輯這一點，自然也不在話下。但耐人尋味的是他也擁有極好的美感，這一點可以從歷來設計的簡報看出一些端倪。特別值得一提的是，奕酉老師經手設計出來的簡報不只是漂亮，而是能夠透過簡報這個媒介來協助闡述專業價值，進而有效解決問題。

　　我知道奕酉老師向來以「簡報職人」自許，很高興看到他集結多年的簡報教學與製作經驗，寫成這本讓全球頂尖企業都買單的企業簡報術。我也很榮幸有機會可以搶先拜讀其大作，其中有部分內容特別讓我印象深刻，好比第一章

談到「拆解成功簡報的關鍵因素」，我認為這是想要精進簡報設計的朋友們都需要注意的重點。

在這個年代，我們時常有機會閱讀大量的簡報，但很多人卻只專注於簡報內容或版面的美醜，而忽略了簡報的系統結構與使用體驗，仔細想想這其實是很可惜的事情。

奕西老師告訴我們，簡報其實就是讓對方從知道、理解、認同到行動的過程，所以當我們需要設計簡報的時候，更應該先思考設計目的與動機，再構思如何透過圖文並茂的簡報來協助溝通。就像我在教授文案寫作時，總會提醒學員們要懂得換位思考的道理，簡報設計其實也是必須從目標受眾的角度出發。

雖說坊間的簡報相關書籍相當多，可說是汗牛充棟。其中，自然也不乏所謂聖經等級的好書，但比較可惜的是這些書籍大多年代久遠，且多半來自歐美或日本，和華人社會的需求略有些不同。倘若說得直白些，有些書籍的陳義過高，多少有些不夠接地氣。而奕西老師的這本新作來得正是時候，可以讓我們從不同的角度來審視簡報設計這件事，也是相當優秀的華文簡報教學書籍。

如果您對簡報設計感興趣，抑或正為了如何做出能夠感動人心的好簡報而煩惱的話，那麼，我很樂意向您推薦《我用模組化簡報，解決 99.9% 的工作難題》這本好書。

新年新氣象，讓我們一起學習設計好簡報吧！

鄭緯筌 ｜《內容感動行銷》作者、「寫作力」與「內容駭客」網站創辦人

https://www.writing.vc/

把複雜變簡單，
模組化簡報讓你有效溝通

這十多年來我做過的商業簡報最少超過 2,000 次，目的性各有不同，從例行會議、專案進度匯報、研發提案、產品成果、策略分析、演講、分享、商業談判、銷售等，目的性、對象各有不同，早期為了做好一次簡報，往往需要花上兩週或者更長的時間去釐清問題，確認目標，與相關人員溝通，最後才開始進入簡報製作。

但隨著自己對商業的理解愈來愈深刻，漸漸摸索出一些「套路」，在不同目標與對象的組合下，很清楚簡報應該呈現什麼樣的內容才能有效溝通，而這正是所謂的模組化。此後，我溝通的有效性大幅地提升了，與此同時，製作簡報的速度也加快了數倍，過去幾年簡報技巧已經成為一種顯學，相關的課程與書籍很多，但我始終比較喜歡結構性強，易用性高的內容。

本書的作者奕西本身具備極強的結構化能力，能將一件複雜的是解構後再重組，讓事情變簡單，讓資訊解讀更容易，融入商業思維之後，更適合應用在職場

上，如果你是職場簡報苦手，或者上過很多課看了很多書，始終無法改善自己的簡報能力，推薦你該來看看這本書，不只因為這本書的內容好，而是因為它更易懂、易用。

游舒帆 Gipi｜商業思維學院院長

別讓你的努力，
成為報告時的無能為力

當你報告時，看著台下面無表情的聽眾，不知道會不會產生這樣的疑問？

我會，而且很不好受。比起激烈的反對意見或質疑，沒有反應更令人受挫，因為當下根本不知道問題出在哪裡，事後也很難找到改善的方向，即使你一一詢問報告對象，很可能也得不到答案。

那種明明很努力了，卻感到無能為力的感覺，真是令人難受。

一想到，下週還得重新報告一次，又在心中深深嘆口氣。

如果你對這個場景感到熟悉，別意外！很多人都跟你有同樣的感覺，包括我在內。但不同的是，我找到了改變的方法，輕鬆做出有高度、受肯定的報告。

對於職場工作者來說，經常需要透過報告來完成日常工作的溝通與討論。

如果報告缺乏說服力，或是讓人看不懂內容，溝通就無效，連帶影響工作品質與耗損所有人的時間。因此，提升簡報能力，可說是所有企業與個人都極為重視的一項課題。

對於個人來說，簡報能力更直接地反映工作能力的價值，許多主管都是依據員工的報告來評斷工作表現與未來潛力。自己努力的成果不能被看到、受肯定，任誰都會感到不平，但歸根究柢就是因為簡報能力的不足。

意識到簡報能力重要性的職場工作者愈來愈多，受惠於網路、搜尋技術與社群媒體的發展，人人都可以在網路上找到各式各樣的簡報素材與學習資源，坊間也有著各種簡報、溝通與表達課程。簡報能力成了一門顯學，甚至可以憑藉著簡報能力成為知識型自雇者。

但是，你有沒有想過：為什麼現在對很多人來說，簡報能力還是個問題？

不少人歸咎於沒有美感、不懂設計，所以做不好簡報。事實上，這是個很大的誤解。在以往懂得美工軟體的操作與具備設計能力，的確可以在簡報上創造出極大的優勢；但是在簡報軟體智慧化、網路資源愈來愈普及的情況下，人人都可以輕鬆做出頗具水準的簡報設計。有美感、懂設計的優勢不再，況且，在職場中並沒有人期望你是個藝術大師或達人。

很多時候，你的主管、客戶與同事只希望你能把話說清楚、講明白。

職場工作者的挑戰不只是做好簡報，還要讓簡報有成效

十多年的職場歷練，加上這些年在企業走訪的經驗，我發現，多數職場工作者無法讓簡報產生成效的癥結在於兩個問題：簡報邏輯的缺乏、時間壓力的干擾。

第一個問題，簡報邏輯的缺乏，讓許多人不懂得如何思考簡報架構的布局、內容的鋪陳，更不懂得將思考的過程轉化為表達的內容時，如何去蕪存菁、只留下核心邏輯與關鍵訊息？

光是做好簡報還不夠，要想讓簡報產生成效就必須讓簡報對象有動機想聽、有意願聽完，聽完後有誘因採取行動。簡單來說，就是從簡報的目的、對象出發，找到建立連結的有效方式，確認了架構布局、內容規劃的正確方向，才會開始製作簡報、視覺設計與表達技巧展現價值。

第二個問題，時間壓力的干擾，讓所有職場工作者都感到棘手。在時間不足或是被壓縮的情況下，都會讓人產生焦慮、不知所措，原本能做好的事情也都會失誤連連。

很多人會說「如果時間再多一些，我就可以做出令人滿意的簡報。」

說實話，我還真沒聽過職場上，有誰會覺得時間足夠的！時間被壓縮、臨時異動可以說是職場上的常態，所有工作者都應該調整自己的簡報思維，懂得如何在有限或不確定的時間限制下，拿出最好的表現、創造最大的價值。

要想讓簡報產生成效，除了提升簡報邏輯的能力之外，還要具備應對時間壓力的簡報技術，從容面對各種報告場景與時間限制。

三萬小時簡報經驗、百場企業培訓，
讓我明白職場工作者的簡報痛點

我從大學時期開始接觸簡報，進入職場後利用簡報解決工作上的各種難題，到成為自雇者後運用簡報行銷自己、向企業提案、製作教案來進行培訓與顧問服務，至今累積了超過三萬小時的簡報資歷。

同時，我經歷過相當多的職務角色轉換，從統計工程、大數據系統開發、產業分析、業務行銷、策略行銷到業務幕僚，雖然變換的過程很辛苦，常常挑燈夜戰適應新的工作環境與學習新的工作技能，但也因此獲得豐富的實務經驗。從中我也體會到一件事，那就是：

「一個領域最難解決的問題，會在另一個領域找到答案。」

我發現在不同工作領域中學習到的思維與技巧，正好可以拿來解決簡報上的問題。比如說：

- 在統計工程學到統計思維，讓我懂得用數據說服對方。
- 在系統開發學到敏捷思維，讓我懂得模組化與最簡可行產品（MVP）的概念。
- 在產業分析學到系統思考，讓我懂得先框架再細節、先整體再拆解的思考方式。
- 在業務行銷學到商業思維，讓我懂得創造效益價值來打動對方
- 在業務幕僚學到向上溝通，讓我懂得做出有高度、受肯定的表達應對。

多年來我將這些思維與經驗應用在簡報上，並發展出一套模組化簡報的思維，用來解決工作上的各種難題，從工作任務的計劃、進度掌握、成果報告，到面對高階管理者與客戶的提案、培訓，都可以展現簡報成效，達到設定的目標。

最重要的是，不論時間長短我都能從容地說出重點、說服對方，做簡報就像玩樂高一樣。

這套模組化簡報的思維，也使我在成為自雇者之後，很快地在培訓市場上打開知名度，短短兩年內就受邀到至微軟、松下、可口可樂等知名外商與大型企業，提供簡報培訓並大獲好評。

我認為，職場簡報著重的是「邏輯」而不是技巧，包括架構該如何布局、內容要如何規劃、訊息該如何呈現，以及報告要如何應對。當這些環節都做好了，加強視覺效果、表達技巧，才有進一步提升簡報成效的作用。而模組化簡報就是解決「簡報邏輯」的最佳方案。

長期以來，市場上都缺乏關於簡報邏輯的學習技術，因為這需要大量跨領域、跨層級、跨產業的實務經驗，才能建構完整、系統化的知識架構，沒有十年以上的職場歷練是做不到的。

而職場上的高效簡報者也未必樂於分享，除了這是他們的競爭優勢之外，最主要的原因是缺乏培訓技巧，未必懂得如何系統化地講授，通常是藉由工作上的提點或經驗交流，能領悟學習到多少，完全看個人的造化。

我希望改變這樣的局面，讓所有工作者都能學習到模組化簡報，也是我寫這本書的初衷。

結合系統思考、敏捷思維與商業思維，讓簡報準備更有效率

讓報告對象採取行動，是決定職場簡報成敗的關鍵。

這個道理相信許多職場工作者都明白，但是要如何讓對方願意採取行動？又應該在簡報中做好哪些準備？很多人會說，要有合乎邏輯的架構、完整豐富的內容、吸引對方的賣點、表達說服的技巧等等，聽起來好像都對，但實際做起來還是讓人無所適從，不知從哪裡開始。一旦遇到時間不夠或被壓縮的情況，在時間壓力之下，又該先做好哪一些準備，才能讓簡報發揮應有的成效、滿足對方的期待？

問題的答案，我在行銷學中找到了。

在行銷領域中，有一個廣為人知的「顧客體驗路徑模型」，稱之為「5A」

架構，提供行銷人員作為接觸潛在顧客時，如何吸引對方的注意力、引發興趣、強化慾望，最終讓顧客採取行動的一個思考模型，並做好對應的準備。

在簡報過程中，同樣有著一個「受眾體驗路徑模型」存在，我們在簡報中所做的各種準備，像是架構該如何規劃、內容該如何鋪陳、訊息又該用什麼方式傳達，都為了讓報告的對象從知道內容、理解內容、認同內容到最終採取我們所期望的行動。因此，簡報製作的流程得以被拆解為系統化的步驟，你完全可以依據簡報的目的、對象與期望達成的目標，找到應該做好的準備工作與順序。

我將簡報的準備工作，對應受眾體驗路徑模型拆解為五個部分：

① 開場：與報告對象建立連結，讓對方掌握全貌

② 從知道到理解：化繁為簡的視覺化過程，降低對方理解的門檻

③ 從理解到認同：言之有據的邏輯化架構，提高對方認同的力道

④ 從認同到行動：數據說話的效益化亮點，創造對方行動的誘因

⑤ 結尾：向報告對象總結歸納，讓對方清楚傳達的重點、期望採取的行動

當簡報的準備步驟可以被拆解，有明確要達成的目標，我們就可以在有限時間內做最重要的事，或者是分配給團隊成員協力完成，這就是結合系統思考與敏捷思維，來提高簡報準備效率的做法。

此外，做好簡報的價值，不僅僅是為了應付主管在工作上的要求，更是展現個人工作價值的最好機會，所以千萬要把握每一次報告的機會，展現出自己的工作成果與專業價值。如何用對力氣、聰明努力，創造更大的價值，是職場上的高效工作者都具備的商業思維。

我將對應「受眾體驗路徑模型」五個部分的方法與技巧，整理出一套模組化簡報的技術，不僅讓我在職場上面對各種簡報問題都能得心應手、輕鬆達成期望目標之外，也累積了豐富的實務經驗。

這些年在企業培訓中這套技術也深受肯定，解決了許多職場工作者長期以來的報告問題，更進一步精煉與優化這套技術，也因此有了這本書的誕生，希望更多工作者可以從中受益。

專為職場工作者所寫的一本實戰簡報書

我在書中選擇以「工作型簡報」為主題，來撰寫如何運用「模組化簡報技術」解決工作場景中的報告問題，像是日常的工作報告、專案的進度報告與成果報告、市場與競爭者分析報告、產品需求彙整、策略規劃與企劃提案等等，超過八成的職場簡報都是屬於工作型簡報。

如何在最短時間內，將簡報做得又快又好；如何在時間不確定、被壓縮的情況下，依然可從容地講出重點、說出報告對象期待的高度，就是這本書所要帶給讀者的內容。雖然是以「工作型簡報」為主題，但書中所提到的工具、方法與技巧，也完全可以適用於任何類型的簡報，也能結合你既有的能力，如表達技巧、視覺設計等，發揮更大的效益。

整本書的架構，特別是為了職場工作者設計的，有五大特點：

① 系統化內容：從架構布局、內容規劃、視覺邏輯到整合優化，做好「工作型」簡報。

② 學習化架構：本書的架構完全依照我在企業培訓的課程內容而設計，我建議可以從頭開始閱讀學習，也可以從你感興趣的章節直接閱讀與應用。

③ 視覺化圖解：超過一百五十張未公開的培訓簡報圖檔，讓你學方法、懂技巧，更有圖像可以增進理解。

④ 多元化案例：書中的案例解析跨產業（半導體、科技、資訊、金融、消費性商品、政府機關與非營利領域）、跨層級（面向主管、團隊、老闆與客戶等簡報對象），也跨領域（資訊技術、產品與技術研發、業務、行銷、幕僚等），適用於各種領域的職場工作者。

⑤ 場景化策略：十種以上真實工作場景的簡報準備對策

⇨ ①做計畫、②追進度、③展成果的工作報告怎麼準備

⇨ 職涯躍升、展現價值的④升等報告、⑤履歷簡報怎麼準備

⇨ 資源攻防戰，企業的⑥策略規劃與⑦企劃提案簡報怎麼寫

⇨ 讓老闆、客戶都買單的⑧銷售簡報怎麼做

⇨ 職場勝利組，懂得用⑨一頁報告來解決問題

⇨ 幫高階主管準備⑩會議簡報的眉角

在這本書中，你可以學到「模組化」工具與「系統化」的流程，包括：

■ 運用【黃金迴圈】與【簡報規劃九宮格】釐清目的、對象與建立連結的有效方式

■ 透過【邏輯框架】快速組織合乎邏輯、簡明扼要的簡報架構

■ 使用【模組內容規劃表】規劃與拆解簡報內容模組化

■ 藉由【視覺化溝通演算法】將資料轉化為資訊與洞見展現

■ 利用【簡報健檢】快速檢視簡報成效，找出四大簡報障礙的優化對策

學會模組化簡報，輕鬆解決你 99.9％的工作難題，讓簡報不再是你工作上的阻力。

目錄

1 從思維出發：三萬小時淬煉，
職場教我的模組化簡報思維　　001

01　簡報不能解決問題，就是在製造問題　　002
02　學會模組化思維，做簡報就像玩樂高一樣簡單　　010
03　拆解成功簡報的關鍵因素　　018
04　影響簡報成效的四大障礙與有效對策　　026
　　障礙①：「目的不明確」　　027
　　障礙②：「架構扁平化」　　029
　　障礙③：「資訊流水帳」　　032
　　障礙④：「整合性不足」　　037
05　打造專屬範本，聚焦內容、方便整合　　040
06　四個步驟，打造模組化思維的工作型簡報　　047

2 由布局開始：規劃合乎邏輯的架構、
與簡明扼要的內容　　059

01　定方向：釐清簡報目的、對象與有效方式　　060
02　找框架：利用邏輯框架快速組織合乎邏輯的簡報架構　　074
03　拆模組：將簡報內容拆解為模組積木，依照需求組裝　　084

3 在場景應用：打造模組化簡報，
解決工作場景中的報告問題　　103

01　用模組化簡報做出一份有高度、受肯定的報告　　104
02　場景①：做計畫、追進度、展成果，工作報告怎麼準備？　　112
　　做好每一次工作報告，就是職涯躍升的關鍵　　113
　　我的工作報告出了什麼問題？　　114

03　場景②：職涯躍升，展現價值的升等報告、履歷簡報怎麼準備？　127

04　場景③：資源攻防戰，企業的策略規劃與企劃提案怎麼寫？　136

05　場景④：讓老闆、客戶都買單的銷售簡報怎麼做？　146

06　場景⑤：市場資訊、新聞素材如何整合為一份報告？　155

4　將視覺優化：從資料、資訊到洞見展現的視覺化過程　161

01　視覺化溝通的演算法　162

02　化繁為簡的系統化做法：在簡潔與繁雜之間取得平衡點　170

03　大量文字的化繁為簡，讓訊息一目了然　175

04　讓數據說話，更要說一個打動人心好故事　195

05　簡報健檢與微整型，輕鬆整合、優化不費力　219

5　讓價值展現：從容面對報告的場景，創造職涯躍升的機會　233

01　面對不同層級報告對象的簡報策略　234

02　職場勝利組，懂得用一頁簡報解決問題　242

03　幫高階主管準備會議簡報的眉角　248

04　簡報遇到瓶頸？因為你還沒養成提升專業簡力的七個習慣　252

05　用簡報打造個人職涯的第二人生　260

從思維出發：三萬小時淬煉，職場教我的模組化簡報思維

想要改善簡報成效，有效解決工作場景中的報告問題，就從「模組化簡報思維」出發。

本章教你：

⊕ 職人簡報的商業思維
⊕ 學會模組化思維，做簡報就像玩樂高一樣簡單
⊕ 拆解簡報的關鍵成功因素
⊕ 影響簡報成效的四大障礙與對策
⊕ 打造專屬簡報範本，聚焦內容、方便整合
⊕ 四個步驟，打造模組化思維的工作型簡報

01 | 簡報不能解決問題，就是在製造問題

你聽說過，亞馬遜（Amazon）的會議是禁止使用簡報的嗎？

執行長貝佐斯下令禁止的理由有兩個：

① 簡報的表現可能會掩蓋提案本身的品質，影響受眾接收到的印象。

② 條例式資料缺乏完整資訊，日後會看不懂。

他認為愈來愈多人強調簡報製作與操作的技巧，而內容的品質並沒有提升，但是與會者往往因為台上的簡報者能言善道、簡報又做得漂亮，而會有「真精彩！這個人真會做簡報！」這樣的感受。有些人的報告內容其實不差，但因為簡報給人的觀感不佳，也連帶被否定了報告本身的品質。

不少員工將條列式簡報當成提示用的輔助工具，這種「重點做成簡、細節則靠口述」的方式很有效率，但由於缺乏完整脈絡，相當不利於事後重讀資料或經驗分享。

貝佐斯禁止的不是簡報，而是「無效」的簡報，其症狀有四：（見圖 1-1）

① 聽不到目的：沒有明確的目的，就像是有了開始，但沒有結束。

② 看不見內容：字太多、太小，色彩對比不明顯，訊息無法有效傳達給簡報對象。

③ 讀不懂邏輯：可能是邏輯上出了問題，也可能簡報對象無法理解內容。

④ 躲不開雜訊：過多的動畫、特效或肢體語言，讓簡報對象分心或失去耐心。

圖 1-1 ｜無效簡報的四個症狀

無效的簡報不但無法達成目的
更浪費了大家的時間與金錢甚至是製造問題

　　無效簡報不僅無法達成預期的目的，不但浪費了大家的時間，甚至後續還衍生更多的問題。工作場合的會議，不難發現常因沒有效益的簡報，導致後面一連串的澄清解釋會議，徒然增加企業的營運成本。

　　因為現行的簡報方式無效，影響了工作品質，也衍生出更多問題。所以，貝佐斯換了一種「有效」的報告寫作方式，要求寫成一頁或六頁報告：

■ 簡單的商業文件做成一頁報告，如工作報告、企劃提案、問題發生報告書。

■ 大型的計畫提案做成六頁報告，如年度預算、新事業計畫、大型企劃提案等。

這是為了讓會議與工作任務得以順利進行。對職場工作者來說，做好簡報也是為了解決工作上的問題，面臨的問題其實是相同的。

> **「簡報不能解決問題，就會製造問題。這是所有企業都不樂見的。」**

因此，我們要消除這些「壞」簡報，打造「好」簡報。

我們與好簡報的距離

我曾經以為，消除了這些「壞」簡報常見的問題，就等於做出「好」簡報。但是後來發現，不是這樣的。在好簡報與壞簡報之間，還存在著「**不好也不壞的**」簡報。

你可能看過這樣的簡報：目的明確、內容也很簡潔，邏輯清晰、而且言簡意賅。

但是，聽完之後反應平平，說不出哪裡不好、卻也沒有太大的反應，甚至沒有後續的行動。為什麼會這樣？這是因為這份簡報可能與你無關，又或者沒有足夠的誘因使你想要行動。

即便是消除了「壞」簡報的因素，不代表就等於「好」簡報。

可能只是做到了「不好也不壞的」簡報，距離所謂的「好」簡報還有一段差距。（見圖 1-2）

圖 1-2 ｜ 消除了壞簡報，可能也只是平庸的簡報

要如何縮短這一段「**我們與好簡報的距離**」呢？做到目的明確、內容簡潔、邏輯清晰、言簡意賅還不夠，這只是平庸的簡報。

好簡報還必須「解決問題、採取行動」。

簡報目的只有一個：解決問題

職場上的簡報，目的不外乎是傳遞訊息、說服對方與達成共識。

- 傳遞訊息，是在解決對方的問題
- 說服對方，是在解決自己的問題
- 達成共識，是在解決彼此的問題

所以說，簡報的目的只有一個，就是在解決問題。問題是什麼？又是誰的？

你可能想說：這不是廢話嗎？還要你告訴我……

但是，你確定真的瞭解「簡報，就是在解決問題。」這句話的意思嗎？我們來思考幾個情境，你或許就會明白我的意思了。

■ 當你在向主管進行專案的進度報告時，在解決誰的什麼問題？
■ 當你向客戶企劃提案時，在解決誰的什麼問題？

第一個情境下，這份進度報告的利害關係人有哪些？

■ 可能專案的進度順利，「你」希望主管感到滿意，並對後續的進展放心。
■ 可能專案的進度不如預期，「你」希望能爭取主管的理解，以及更多資源投入專案裡。你必須說服「相關資源的所屬單位」同意這件事，甚至需要「主管」出面協商以取得資源，以及扛下「上層主管」的責難。

所以，需要解決的不只是你個人的問題，還有主管、相關資源的所屬單位，以及上層主管的問題。你在報告中有想過如何幫這些人解決問題嗎？清楚他們的問題是什麼嗎？

同理，在第二個情境下，你要解決的不只是提案被買單，還有提案窗口如何向主管回報、相關單位如何評選比案的問題；如果你再仔細想想，與這個企劃提案有關的所有利害關係人，都有其需要被解決的問題。

要讓簡報產生成效，就得盡可能地思考這些：簡報在解決什麼問題？又是誰的？

職場工作者必須掌握的三種簡報

職場上的簡報類型可分為三種：工作型簡報、提案型簡報與展演型簡報。

❶ 展演型簡報

比如說法人說明會、產品發布會、國際研討會等，主要由講者主導整場簡

報進行的流程，會後再提供問答時間。因為涉及企業品牌形象與個人專業，因此在邏輯架構、視覺設計與口說表達三個方面，都需要投入大量心力，力求展現最好的一面。

❷ 提案型簡報

包含對內的企業提案與對外的客戶提案，在整場簡報的過程中，會有多次商討的互動可能性，最後的結果可能是說服對方、被對方駁回或是修正後達成共識。著重的是邏輯架構與思考的完整性，視覺設計與口說表達雖然不需要像展演型簡報那般專業，但也務必力求簡明扼要、言簡意賅，聚焦在提案的說服與達成共識上。

❸ 工作型簡報

職場上的簡報，超過八成都是「工作型」簡報，是為了解決工作上的問題。比如說，日常的工作報告、專案的進度報告與成果報告、市場與競爭者分析報告、產品需求彙整、策略規劃與企劃提案等等，都是屬於工作型簡報的類型。這類簡報的特色是：目標導向、效率至上。不太要求視覺設計，但在資訊呈現上必須一目了然；不太要求演說技巧，但在內容表達上必須簡潔扼要，說重點、講中點。

不擅長在眾人面前簡報？沒人期待你是演說家或藝術家

坊間不少簡報書籍或是文章，都會強調簡報表達與設計的重要性與技巧。

我並不否認表達的重要性，而且表達能力好、簡報做得漂亮的員工，的確會獲得比較多的上台機會展現個人的價值。只不過，這不是職場簡報的全貌。

很多時候，你未必有機會上台報告，可能得要書面報告過關了，才有機會上台簡報。更多職場工作者的真實情況是：口條不見得流利、也不喜愛在眾人

面前高談闊論。他們沒有時間經過反覆的練習、沒有流利的口條與表達技巧，只想把工作做好、將專業表現出來。

不懂設計、不擅表達，是不是就無法做出成功的簡報呢？那倒未必。

事實上，職場上只有極少數的人或場景，需要將簡報表演的像一場華麗的秀，比如說，面對客戶的提案與產品推廣、面向市場的產品發布會、國際大型的研討會等等。大多數的簡報場景，其實就像你我的職場日常，簡報只是協助工作進展與溝通討論的一項工具而已。

比起表達技巧，做出清楚易懂、具說服力、促使對方行動的簡報，才是職場工作者最需要的基本能力。沒人期待你成為一位演說家或藝術家，只要求你說清楚、講明白。

簡報不是一場秀，而是解決問題與展現專業價值的過程

簡報是解決問題過程中的一個環節，而不是一場秀。

或許你想像中的簡報，是像賈伯斯一樣在舞台上展現充滿個人魅力又吸睛的簡報；或是像 TED 舞台上的講者，展現出精彩又動人的感性演說，然後獲得滿場觀眾的鼓掌喝采。但是很抱歉，真實工作場景中的簡報其實並沒有這麼戲劇化。

首先，在每一場簡報之前，其實都需要與相關人員先確認各種可能的問題，力求將不確定風險降到最低。很少會有在正式簡報時，才提出令人措手不及的需求或確認問題，這樣只會影響簡報成效和浪費資源。

其次，在每一場簡報結束後，並不是真的結束，而是進入工作任務的下一個階段。簡報，只是工作的過程之一，是為了有效解決問題，並達成最終目標，

同時把握時機展現自己的專業價值，獲得大家的認可與職涯躍遷的機會。

最後，簡報對象不該一視同仁。你不應該用相同的簡報、相同的報告方式來面對所有人，每一次的簡報都應該依照不同的聽眾來調整簡報溝通方式。今天對高層進行報告所使用的簡報，絕對不會適合用於基層同仁；同樣的道理，對基層同仁使用的簡報，也不該拿來對高階經理人報告，因為他們所需要用來進一步採取行動的資訊是不同的。

魔鬼藏在細節裡，天使跟著口碑來。你的專業價值就是在這些細節中，一點一滴展現出來的。

02 | 學會模組化思維，做簡報就像玩樂高一樣簡單

「如果做簡報也能像玩樂高一樣，該有多好！」

十多年前，同事的一句話點醒了我。那時，我還是擔任統計工程師的職位，負責撰寫決策支援系統的程式模組，包括統計分析模組、統計圖表模組與資料處理模組。對工程師來說，寫程式肯定比做簡報有趣多了。

「是啊，就像寫程式模組一樣，不管是套用、還是修改都有效率多了。」我笑著回答。

或許在那時，簡報模組化的概念就已經在我心中萌芽了。

模組化的概念在許多地方並不是新穎的想法，像是程式撰寫、系統開發或是零件製造，先建立模組再依照需求組裝，不僅可以加快成品的速度、維持一定的品質，也能降低升級的難度，只要局部調整即可。

與多數人生活比較貼近的例子，應該就是樂高積木了。

如果要組裝出一隻大象，我可能得想半天；但是，如果有一份說明書，我想人人都可以輕鬆地組裝出一隻大象，甚至有人可以基於這樣的架構，發揮巧思改變成其他造型的大象。

如果套用到工作型簡報，是不是可以根據工作場景的需求，比如進度報告（大象）或工作報告（長頸鹿），找到一個報告框架（說明書），蒐集對應的內容（積木）組裝起來就好了？我將這個概念落實到日常的工作報告中，發現真的可行。

三萬小時的刻意練習，我找到了簡報的甜蜜點

從大學時期開始，我就是個簡報重度使用者，總是試著如何做出更好的簡報效果。

畢業後進入半導體產業，先後任職統計工程、大數據系統開發、產業分析、業務行銷、策略行銷與業務幕僚等職務，不只在工作上大量運用到簡報進行溝通與會議討論，也需要負責製作對內部高層主管的策略報告，以及對外部客戶的產品與銷售簡報。

在這個過程中，我體會到跨領域、跨層級的簡報溝通上有哪些困難，比如說：

■ 同時面對不同背景、層級的與會者，如何做到有效溝通與說服？

■ 幫主管或業務同仁製作簡報時，如何兼具內容的彈性與功效？

■ 面對突然其來的簡報需求，如何快速組織一份簡報？

■ 報告時間臨時被縮減，如何從容地應對說重點、講中點？

■ 如何將研發單位的專業簡報，重新組織為客戶看得懂的銷售簡報？

由於角色轉換的緣故，累積了大量簡報實務的經驗，我知道如何做好簡報，更懂得如何讓簡報發揮成效，解決工作上的難題。為了滿足時間彈性與簡報對

象多元化的要求，發展出一套結合系統思維、敏捷思維與商業思維的「模組化」簡報思維，也成功解決了上面這些難題。

成為簡報顧問之後，在企業培訓與顧問輔導的過程中，除了詢問學員的需求之外，我也會與主管、訓練單位窗口溝通，希望了解身為「聽取簡報」的對象，他們發現的問題是什麼？

- 簡報內容太冗長，沒有重點。
- 太多術語聽不懂，沒辦法理解想傳達的訊息。
- 簡報背景交代不清，不知道在說什麼。
- 結論缺乏有力的根據，沒有說服力。
- 資訊過於零散，不清楚想要傳達什麼。
- 看不出整體架構、前後內容的關聯性，像流水帳。
- 很多數據與圖表，但沒有比較基準，無法作為判斷的依據。
- 每個人的內容都差不多，看不出獨特性。

這些「聽取簡報」的對象，不論是你的同事、主管、高層或是客戶，他們希望你的簡報能做到的是「清楚傳達與我有關、對我有用的資訊，作為下一步行動或判斷的依據。」

視覺效果、表達技巧，確實有提升簡報成效的作用，但那就像是「一」後面的零。再多的零，沒有那個「一」也不具任何意義。相反地，有了那個「一」，那麼後面的零就能發揮十倍、百倍的功效。

而「與我有關、對我有用的資訊」就是那個「一」

- 釐清目的、對象與建立連結的有效方式（與我有關、對我有用的資訊是什麼？）
- 合乎邏輯、簡明扼要的架構（如何說會讓我覺得：言之有理、言之有序？）

■ 連貫主題、精準表達的內容（具體來說是什麼呢：言之有物、言之有據？）

先做到「一」讓簡報產生成效，再來思考如何增加後面的零，讓對方有更好的理解、更快的認同、更高的意願採取你期望的行動。

而「模組化」簡報思維，就是幫助你如何做到這個「一」的甜蜜點[註1]。

懂得模組化簡報思維，人人都能輕鬆做出高效簡報

因為過往的簡報經歷受到矚目，加上模組化簡報思維的口碑效應，過去三年我先後受邀至微軟、松下、可口可樂、鼎新、聯詠、富邦、中信、國泰等知名外商、大型企業與政府機關，提供超過百場的簡報培訓與顧問服務。

我將模組化簡報思維打造成一門培訓課程，從高效思維、架構布局、內容規劃、視覺邏輯到整合優化，結合企業客戶的真實案例來提供工作場景的簡報對策。比如說：

■ 微軟員工如何在六分鐘內，對總經理簡報過去一年的工作成果、經驗學習與改善建議？

■ 松下員工如何做好日常工作報告？面對兩年一度的升等報告如何凸顯個人價值？

■ 鼎新顧問團隊如何做好專業認證、專案啟動、專案進度與價值評鑑的報告？

■ 聯詠的研發人員如何做好日常工作報告與技術型報告？

■ 可口可樂的業務、行銷人員在面對主管與客戶，如何做出有說服力的企劃與通路提案？

■ 聯合報系的業務同仁在面對數位轉型時，如何透過簡報提案發揮優勢、展現價值？

註1　高爾夫球術語，只要打中桿頭的「甜蜜點」，球就會飛得特別高、特別遠

- 富邦、國泰、中信等企業員工如何做好金融商品的企劃提案與內部教案？
- 中華奧會的協力廠商如何讓客戶買單的賽事提案簡報？
- 台北捷運公司的中高階主管如何做好有效溝通、精簡表達的工作報告？

在我的培訓課程中，有一個特別之處，就是會請客戶提供數份簡報，然後運用「模組化簡報」思維，快速地拆解模組化，再重新組裝成有效說服、簡明扼要的簡報，同時也點出其中不足的地方；甚至也會歸納為一頁報告，來展現整份報告的重點，每次都讓客戶感到驚歎。

模組化簡報思維的三大核心價值

模組化簡報思維，是一種結合了系統思維、敏捷思維與商業思維的簡報思維，三大核心價值自然也是從這三種思維延伸出來的，包括：

❶ 系統思維：簡報不是獨立的工作，而是解決問題的過程

以終為始，但是終點不是「做好簡報」而是「採取行動（讓簡報有效）」，起點不是「準備簡報」而是「解決問題（工作的展開）」。

工作一開始，就先預想要讓未來的一場簡報有效，需要具備哪些條件？因此，一開始就先滿足這些條件；解決問題的同時，也在完成簡報的內容。

❷ 敏捷思維：拆解簡報的關鍵成功因素，做有價值的事、增加應變彈性

根據所設定的目的、溝通的對象與需解決問題的場景，拆解簡報的關鍵成功因素，將有限的資源、時間投入到最有價值的環節上，或是透過協同合作的方式多頭進行，在最短的時間內創造最大的效益。

另一方面，將簡報內容拆解模組化，在有限的時間內，都能組織對應的簡報內容，從容面對各種報告場景，提升應變的彈性。

❸ 商業思維：簡報不只是解決問題，更要創造個人專業價值

商業思維，就是創造價值的思維。

報告的價值，不僅僅是為了應付主管的要求，而是展現你工作價值的最好機會，所以千萬要把握每一次報告的機會，展現出自己的工作成果與專業價值。

解決問題的同時，也在完成報告的內容

對於職場工作者來說，時常需要透過報告來完成工作上的任務，最常遇到的困擾有三個：

- 想不清楚：我不知道該說什麼？
- 說不明白：我知道要說什麼，但不知道該怎麼說才好？
- 說得太多：將所有準備的資料全都塞進報告中

你會認為報告是一件苦差事，是因為你把報告與完成工作，當作是不同的兩回事。

你覺得把工作完成是份內的責任，而報告只是額外的工作，所以你會認為做好報告只是為了應付主管的要求；如果主管沒有要求，你也不會想要整理這份報告。

報告其實可以不必是額外的工作，只要你懂得想著報告來解決問題，把準備報告與解決問題同時進行。如何做呢？在工作一開始的時候，就想著未來做簡報時的畫面，可能是一場專案啟動會議、工作進度報告，或是專案成果簡報。

然後想想，在那個簡報的場景，會有誰聽簡報，在乎哪些事，你又該說什麼，怎麼說，才能達成簡報的目的。接下來的工作，就是把要報告的那些事情具體做出來。

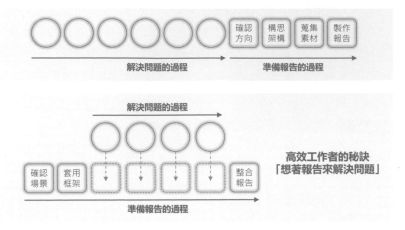

圖 1-3 ｜ 高效工作者會同時解決問題以及準備報告

請你想像以下這個場景。

你和你的同事一起在會議室裡，主管向你們說明了這次的專案內容，並請你們先做好準備，二週後會有一場會議，正式啟動這個專案。

好，這時候你有什麼想法？你會開始著手準備二週後的這一場會議？還是什麼也沒想，回頭繼續手上的工作，等主管有進一步的交辦事項再說？

讓我來告訴你，我是怎麼做的。

我用模組化簡報解決 99.9% 的工作難題

首先，我會想像一下，這個專案完成後可能會有一場成果報告，到那時候我打算如何進行這場成果報告？有誰會在現場？他們又會想要聽到什麼？所以我該準備哪些內容？內容又該需要那些素材？

其次，我會思考從現在到最終的成果報告這個過程中，又會經歷哪些報告的場景？比方說，二週後的專案啟動會議、中間的進度報告，可能還會有一些專案變動的會議，到最後完成後的成果報告。

最後，我會在腦中就會先設想這些會議的報告中，需要哪些內容？什麼素材？那麼，現在開始就是逐步蒐集這些素材、完成這些內容，同時也在一步一步的解決問題，朝完成專案的目標推進。

換句話說，我在進行工作時，就已經為後續可能會有的報告準備素材與內容了；而不是等到要報告了，才開始準備蒐集資料、構思內容、被動地做報告。

03 拆解成功簡報的關鍵因素

　　說到成功的簡報，應該具備哪些條件？如果單就簡報本身來說，合乎邏輯的架構、簡明扼要的內容、有說服力的論述、好懂的視覺呈現、好的開場與結尾⋯⋯ 我相信你可以說出更多。

　　每個人心中可能都有自己的答案，甚至有人可能會說「老闆說了算」。

　　呃，這很真實，但也很沒建設性。你知道嗎？在培訓的過程中，我聽過最多人抱怨簡報做不好的原因是：不知道標準是什麼。

　　是的。他們不知道標準是什麼，老闆、客戶也不會告訴他們標準是什麼，但是這些簡報受眾會在看完簡報後，清楚的說出「這不是我要的」、「這不能說服我」之類的回饋。所以做簡報才會讓許多人感到無所適從，如果有人可以告訴我們該做什麼？或許我們就能專注在做好這些事情，就不會花費了力氣準備了很多資料卻派不上用場，或者還是漏掉了最關鍵的那一項資訊。

　　所以，我要告訴你如何系統化的拆解簡報的關鍵成功因素（Critical success factor，CSF），讓你知道要讓簡報成功，有哪些關鍵的項目是一定要具備的，

把時間與精力投入在有價值的事情上。

簡報，就是讓對方從知道、理解、認同到行動的過程

你希望對方聽完簡報之後的反應是什麼？知道就好、或是認同你的看法、還是採取行動？

行銷學之父菲利浦・科特勒（Phillip Kotler）提出了一個描繪顧客體驗路徑的模型，稱之為「5A」架構；而在簡報中也有一個關於受眾體驗路徑的模型，我稱之為「4A」架構。（見圖 1-4）

圖 1-4 ｜簡報受眾體驗路徑（4A's Model）

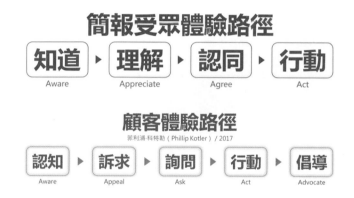

簡報受眾體驗路徑，可分為知道、理解、認同、行動。

這個簡報受眾體驗模型，清楚直接，說明聽眾從一開始接收訊息的「知道」體驗，一直到最後的促使「行動」的體驗，每一階段，都有影響決策、認知的相應對策。（見圖 1-5）

圖 1-5 ｜ 成功推動簡報受眾體驗路徑的關鍵要訣

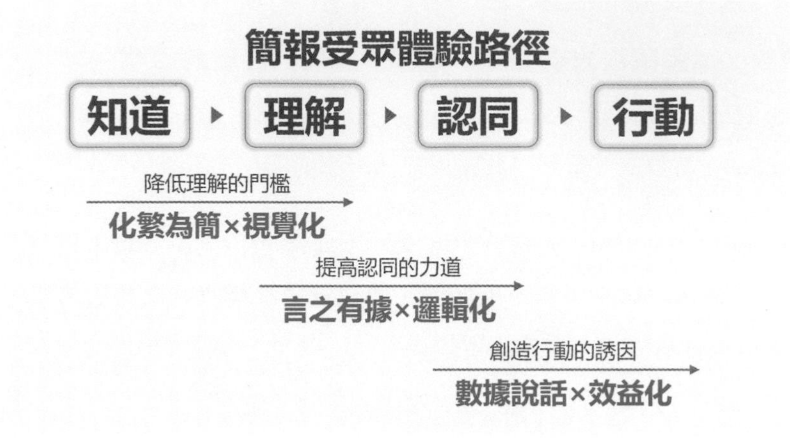

簡報受眾體驗路徑

知道 ▸ 理解 ▸ 認同 ▸ 行動

降低理解的門檻
化繁為簡×視覺化

提高認同的力道
言之有據×邏輯化

創造行動的誘因
數據說話×效益化

要訣❶從「知道」到「理解」→ 必須降低理解的門檻

讓受眾理解簡報的內容，可以根據對方的專業背景與理解能力，將內容「化繁為簡」，並透過「視覺化」的形式來增進對方的理解。

首先，「化繁為簡」的這個「簡」並不意味著「簡略」而是「簡潔」，關鍵不在於文字內容的多寡，而在於文字內容的層次是否分明？讓簡報的受眾容易閱讀、容易理解。

其次，透過視覺化的形式，讓對方很快掌握到你想表達的重點與全貌，包括文字、圖像、圖表與圖解，這四種常見的視覺化形式。

你可以在第四章找到視覺呈現化的技巧與詳細說明。

要訣❷從「理解」到「認同」→ 必須提高認同的力道

讓受眾認同簡報的內容，包括你如何看待問題，如何給出有根據的論述。

關鍵就在於運用「邏輯化」的框架來組織你的內容，確認你的論述與根據

在簡報中的對應關係，讓對方感受到「言之成理、言之有據」。

你可以在第二章找到，關於架構布局和內容規劃的技巧與詳細說明。

要訣❸從「認同」到「行動」→ 必須創造行動的誘因

讓受眾採取行動，是決定職場簡報成敗的關鍵。

即使有了容易理解的內容、合乎邏輯有說服力的架構，都不能保證對方會採取行動；一場沒有後續行動的簡報，無疑就是場失敗的簡報，投入了時間與資源，卻沒有任何成效。所以，要想讓對方採取行動，就必須創造行動的誘因，也就是用「效益化」的方式，用「數據說話」來說服對方。

想想有什麼可以讓受眾認為「值得」去採取行動的效益呢？可能是獲得金錢、名譽、權力、成就感或是其他因素，盡量以搭配比較基礎（投入、產出）的數據來呈現效益化，而且盡可能讓比較的基準使用相同的單位。舉例來說：投入的花費是金錢，但產出是省下時間，這樣不容易比較。如果能將省下的時間轉換成金錢，這樣投入與產出的比較會更直覺。

比方說，採行這個企劃案可以「讓業績成長」這樣的說法，顯然很沒有說服力。如果換成可以「讓業績成長三成」聽起來就有吸引力多了，但是還不夠。因為缺乏比較的基準，也許成長三成的同時，費用成長了五成，這樣其實反而是負成長。

所謂「效益化」不是只有數據，而是要讓對方明顯感受到「值得」採取行動。比方說，採行這個企劃案可以「讓業績成長三成，而費用只需要增加不到一成」，這樣的誘因就相對強多了。

讓對方買單的有效說服技巧

說服對方的要訣是：讓對方容易做決定，而不是困難的做判斷，更不要讓對方自己找答案。面對不同的對象與時間限制，如何鋪陳有效說服的簡報內容？更重要的是，懂得用一頁報告來解決這些問題，同時展現自己的專業價值。我會在第五章詳細說明這部分的。

確認簡報受眾體驗路徑的起點與終點，是聰明努力的關鍵

有時候，職場簡報並不需要對方採取行動，只要知道或理解就好。

那麼我們就不需要為了「提高認同的力道」而準備根據與佐證，也不需要為了「創造行動的誘因」而準備一堆數據與效益比較，可能只需要把要傳達的訊息說清楚、講明白就好，或是使用視覺化圖像、或圖解懶人包讓對方理解。

所以，確認簡報期望受眾的反應到哪一個階段（終點）？以及在簡報前，受眾對簡報內容的認知狀況又是如何（起點）？然後，起點與終點之間的這一段差距，就是我們要努力準備的方向，可以在最短時間內做最好的準備。

舉例來說，你打算提出筆電汰舊換新的企劃，希望能針對公司已購買超過十年的筆電進行汰換，購入一批新的筆電。（見圖 1-6）

圖 1-6 ｜三個情境說明提升簡報成效的有效方式

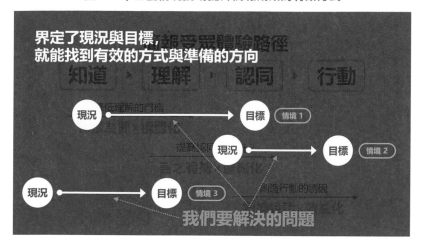

情境❶ 主管先前已經聽過簡要的企劃方向，這次你正式提出企劃簡報，希望主管能「認同」企劃的內容。

設定的體驗路徑是由「知道」到「理解」，再由「理解」到「認同」，簡報準備應該以如何「降低理解的門檻」以及「提高認同的力道」為優先重點。企劃的基本元素就是目標、行動方案與成果效益三項。可以用圖像、圖表與表格，展現出一目了然的行動方案與成果效益，增進主管的理解。為了提高認同的說服力，可說明目標的合理性、行動方案的可行性與最佳方案的選擇標準，以及成果效益的價值評估，做為強化目標、行動方案與成果效益的根據。

情境❷ 前一次向公司高層提案遭駁回，理由是汰換筆電的效益與必要性有待商榷。在重新修正企劃內容後，你準備向高層、財務主管與採購主管再次進行提案，希望能說服他們採納這個企劃。

由於前次提案結果遭駁回，對高層而言，已經理解企劃內容，只是尚未認同；這次提案所設定的體驗路徑應該是由「認同」到「行動」。財務主管與採

購主管前次並未參加，對於企劃提案的內容可說是一無所知，但是由於決策權在高層，所以設定的體驗路徑由「知道」到「理解」，再由「理解」到「認同」即可。

準備的簡報重點應該是如何「創造行動的誘因」讓高層採納。在報告一開始，簡要說明企劃的背景、目標、行動方案與成果效益，一方面為了讓財務主管與採購主管快速「掌握全貌、建立連結」，另一方面也是為了再次喚醒高層的印象。

在每次簡報中，都應該提供受眾完整體驗路徑，從知道、理解、認同到行動；只不過針對設定路徑需要重點準備，因為那是成敗的關鍵，其餘部分快速帶過即可。

情境❸　經過一番波折，企劃提案總算是被高層採納了。接下來，要針對筆電汰換的行動方案對相關人員進行說明，希望他們能「理解」內容並配合協助後續事項。

相關人員可能對這個企劃完全不清楚，所以設定的體驗路徑是由一無所知到「知道」，再由「知道」到「理解」因此簡報重點除了「降低理解的門檻」之外，必須在一開始就讓所有人「掌握全貌、建立連結」，好讓他們進入到「知道」的階段。

關鍵提醒

掌握全貌、建立連結的做法，主要有三個關鍵：讓受眾知道報告目的、與他何關？對他何益？

從知道、理解、認同到行動的受眾體驗路徑，起點、終點可以調整，但是過程不能省略。沒有知道，就無法理解；沒有理解、就不會認同，沒有認同、更不會產生行動。

企業的一切活動都有其成本，也包括做簡報。

無效的簡報，浪費的不只是你的時間，還有所有與會者的時間，甚至是製造更多問題，衍生出更多的會議與簡報，只為了澄清與解決無效簡報所製造出來的問題。釐清了簡報的目的、受眾與對內容的掌握程度，才能設定正確的現況、目標與路徑；找出提高簡報成效的有效方式，把有限的時間先投入在重點階段。

反過來說，如果對受眾、對內容的掌握程度不是很清楚，我建議還是假設受眾是「一無所知」的狀況，務實的準備完整內容，確保可以讓對方從知道、理解、認同到行動，再根據現場狀況快速帶過或多做說明。

04 | 影響簡報成效的四大障礙與有效對策

即便是經驗老道的簡報好手，也難免會有妨礙簡報成效的盲點而不自知。

過去十多年來，看過的簡報不下萬份，這些年在企業培訓的過程中，也檢視了超過三百份簡報。我發現，不管是知名外商或大型企業、政府機關的日常工作型簡報，都有共通的問題，我歸納為影響簡報成效的四大障礙：

- 目的不明確：只是報告自己做了什麼，蒐集哪些資料，是無法引起對方興趣的。
- 架構扁平化：「現在講到哪裡了⋯⋯」你讓觀眾都迷失在資訊大海中了。
- 資訊流水帳：資訊呈現缺乏正確的結構關係，想到哪裡、說到哪裡。
- 整合性不足：你在做一份簡報、還是很多張剪報？

障礙 ① ：「目的不明確」

「你為什麼要說這些？」

在聽別人簡報時，我們可能會出現這樣的疑問。可能是不清楚簡報的目的，又或許是內容已經偏離主題了，所以我們感到困惑，這都是「目的不明確」的問題。

永遠要思考一個問題，那就是「你希望對方聽完後的反應是什麼？」

你可以使用「黃金迴圈」中的「思考黃金圈」來釐清簡報目的、對象與建立連結的有效方式。（見圖 1-7）

圖 1-7 ｜思考的黃金圈，用以釐清簡報目的、對象與建立連結的有效方式

■ 目的（Why）：為什麼要做這份簡報？簡報的對象是誰？希望對方聽完有什麼反應？

- 方式（How）：要如何做才可以有效達到目的，讓對方產生期望的反應與行動？

- 內容（What）：具體來說，用什麼內容？什麼方式？採取什麼行動？

只是報告自己做了什麼、蒐集了哪些資料，是無法引起對方興趣的。

改善「目的不明確」的有效對策

- 有效對策❶—開場使用「表達的黃金圈」與簡報受眾建立連結

  開場使用「溝通三要素」與簡報對象建立連結

  ⇨ 目的：為什麼是我簡報？

  ⇨ 關聯：簡報的內容對於簡報對象有多重要？

  ⇨ 效益：聽完後，簡報對象可以獲得什麼效益？帶走什麼？

  ※ 目的在於讓對方有動機想聽、有意願聽完、有誘因採取你期望的行動
  ※ 關於「表達的黃金圈」使用技巧與詳細說明，請參考第二章。

- 有效對策❷—先說結論，確認方向正確、再談細節

  ⇨ 結論符合期望，可以省下細節的說明

  ⇨ 結論不符期望，就在過程中找出問題點是什麼？

  ※ 將結論放在最後說，往往會讓人失去耐心。萬一結論不符期望，也難以追溯是哪一個環節出現問題，增加後續修正的難度。

- 有效對策❸—根據設定的情境，套用邏輯框架更容易讓對方認同

  ⇨ 掌握全貌：採用主題框架（目的、關聯、效益）

  ⇨ 論點說服：採用議題框架（論點、理由、實例、重申論點）

  ⇨ 問題解決：採用問題框架（情境、衝擊、課題、對策）

  ⇨ 成果展現：採用課題框架（背景、任務、行動、效益）

  ※ 面對不同階層受眾，先解決高層問題，再滿足中階、基層需求。
  ※ 關於「邏輯框架」的使用技巧與詳細說明，請參考第二章。

■ 有效對策❹──結尾再重申結論，喚起行動

⇨ 結尾與開場，是簡報中最關鍵的兩個環節

⇨ 開場的重點，是與簡報對象建立連結

⇨ 而結尾的重點，則是重申希望對方帶走的關鍵訊息有哪些？

※ 包括結論、希望對方採取的行動，以及增加對方採取行動意願的誘因。

※ 關於「思考的黃金圈」與「表達的黃金圈」的使用技巧與詳細說明，請參見第二章。

障礙②：「架構扁平化」

「啊，你現在說到哪了？」

我們都看過這樣的簡報，不能說沒有架構，但是聽起來就像是迷宮一樣，一個不留神就不知道現在講到哪裡了？直到簡報結束，我們都很難銜接上內容、也無法再投入注意力。

這可能是架構過於扁平化所導致的，就像一棵未經修剪的大樹，枝葉繁多茂盛，很難讓人分辨清楚脈絡。簡報的架構也是如此，如果內容呈現樹狀發散，層級少、分支多，呈現扁平化結構，則容易讓受眾、還有講者自己都迷失在分支中，不知自己身在何處，自然會影響簡報的成效。

下圖是一個資訊安全文件管理平台的系統說明簡報（見圖1-8），你可以發現架構只有兩層，但是分支相當多。特別是在是「系統平台簡介」與「管理政策」下的分支都超過十二個項目以上，形成扁平化的結構。此外，項目之間也沒有明顯邏輯上的關聯性，即使位置對調了，似乎也沒有太大影響。

分支太多、彼此之間又缺乏關聯性，就會形成不易理解的阻礙。

図 1-8 ｜ 架構扁平化的簡報結構

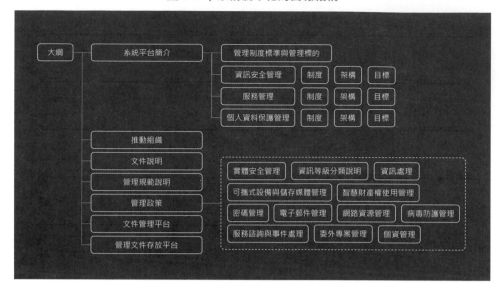

改善「架構扁平化」的有效對策

■ 有效對策❶—過場頁

在分支過多的項目前後加上過場頁，以區隔這個項目的開始與結束。

■ 有效對策❷—導覽列

在分支過多的項目下加上導覽列，掌握這個項目的進行階段。

■ 有效對策❸—精簡化

重新修剪整個架構來精簡化，讓架構邏輯更為清晰。

藉由「過場頁」來區隔分支繁多的項目，讓受眾清楚知道層級結構的切換；而「導覽列」可以讓受眾知道在這個區塊內的項目有多少、以及推進的進度，就如同捷運上顯示下個停靠站的跑馬燈，可以讓乘客掌握車行進度與目前位置。這兩種做法都是屬於時間不夠的「應急」法。（見圖 1-9）

圖 1-9｜加入「過場頁」與「導覽列」來改善簡報結構

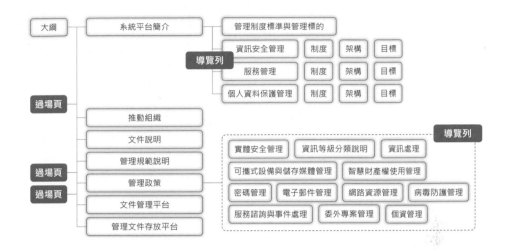

根本解決之道，還是「精簡化」整個架構、修剪多餘的分支。（見圖 1-10）

一個層級下的分支，盡可能保持在三到五個項目內，是較為理想的結構。如果分支過多，可以透過分類的方式增加一個層級，來簡化分支項目；比方說在圖中的「管理政策」下有十二個分支項目，能否再分為三到四類來簡化結構？

如果實在無法簡化，運用「過場頁」與「導覽列」來調節，就能大幅改善「架構扁平化」的問題。

圖 1-10 ｜精簡架構來改善整體結構問題

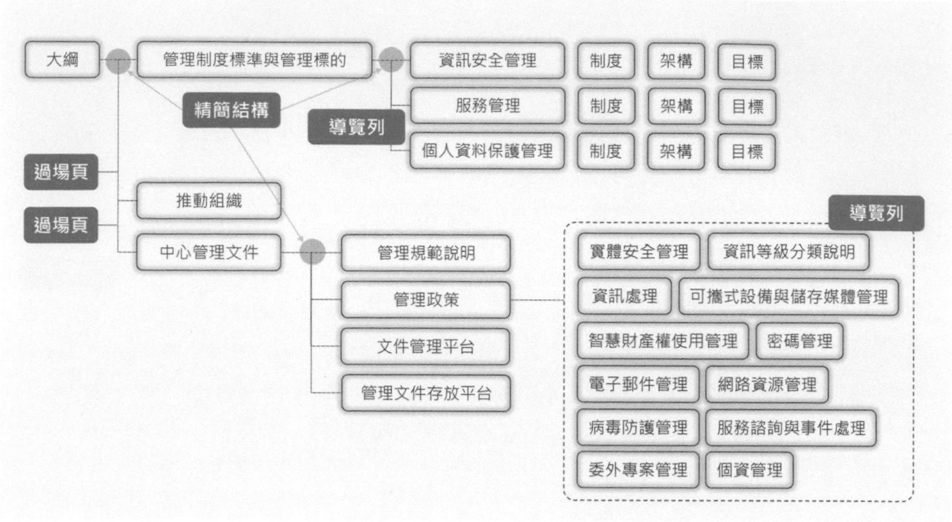

障礙③：「資訊流水帳」

「看不懂，你到底想說什麼？」

在技術類或是系統平台操作書說明的簡報中，很常看到這類的問題：

■ 單張投影片中的資訊缺乏結構性

⇨ 想到什麼就寫什麼，可能是一大串的文字或是條列文字

⇨ 資訊區塊四處散落，看不出閱讀的邏輯順序

⇨ 投影片內容只有簡單的圖片與關鍵字，是寫給自己看的

■ 投影片與投影片之間沒有連貫性

⇨ 看一頁說一頁，即使抽換了投影片的順序好像也沒差別

⇨ 這種資訊流水帳的投影片或簡報，如果沒有搭配簡報者說明，受眾通常看不懂簡報內容。

改善「資訊流水帳」的有效對策

- 有效對策❶──區隔出投影片中的標題、關鍵訊息、內容

  ⇨ 投影片中的三個關鍵元素,在視覺上的優先順序是「標題＝關鍵訊息＞內容」,也就是說受眾最先看到的應該是標題或關鍵訊息,這是一張投影片中最重要的資訊,其次才是說明內容。

  ⇨ 通常在職場簡報中會將標題與關鍵訊息結合為「訊息式標題」,以確保簡報受眾優先看到所要傳達的關鍵訊息。

  ⇨ 運用線框將不同資訊區隔出前後的層次。

- 有效對策❷──重新組織內容,賦予合理的結構關係

  ⇨ 將內容資訊打散,重新組織出有關聯性的結構。

- 有效對策❸──利用邏輯框架,重新組織合乎邏輯的簡報架構

  ⇨ 圖文搭配的投影片,在職場簡報中十分常見。(見圖 1-11)

圖 1-11 | 區隔標題、關鍵訊息與內容來改善資訊流水帳

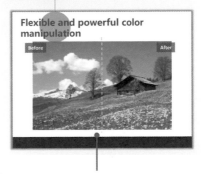

改善前

檢視圖中的標題、核心訊息與內容,你會發現最先看到的會是圖片,而不是關鍵訊息或標題。而核心訊息放置在下方,很容易被受眾忽略,導致自行揣測這張投影片所要傳達的意義。

改善後

如果將投影片上的元素重新排列組合,並將關鍵訊息與標題結合為「訊息式標題」,確保受眾「第一眼」就可以接收到。圖片採用左右截圖拼接的方式,也是常用來呈現「對比」效果的方式,同時也是為了減少「非關鍵」資訊所占用的空間,讓關鍵訊息更容易被看到。

另一種常見的圖文搭配，是網頁、報章雜誌的截圖，本身就含有文字與排版設計。（見圖 1-12）

圖 1-12 ｜以線框區隔出不同層次的資訊來改善資訊流水帳

標題　核心訊息　內容

輔助內容

改善前

檢視圖中的資訊組成，你會發現引用網頁的資訊與投影片上的訊息都混在一塊了，因為有兩組資訊，各自都有標題、關鍵訊息和內容，造成了受眾在閱讀上的困難度。

標題與核心訊息的層級拉出來

資料來源

輔助內容的層次區隔出來

改善後

使用線框與陰影效果將引用網頁的資訊區隔開來，就像是一張浮貼在投影片上的圖片；再將引用網頁的輔助說明也用一個線框包起來做區隔。你可以看到改善後的結果，投影片資訊、引用網頁與輔助說明，呈現出三個不同的層次結構，讓受眾更容易理解訊息的優先順序。

還有一種不容易看出資訊流水帳的是，條列文字的投影片。（見圖 1-13）

圖 1-13 │ 重新組織內容，賦予關聯結構來改善資訊流水帳

可攜式設備與儲存媒體管理

- 私人之可攜式設備禁止連結中心公務網段，包括OA區、開發區、測試實驗室。
- 中心密級（含）以上之資訊禁止儲存於私人之可攜式設備與儲存媒體。
- 密級（含）以上之資訊禁止未經加密儲存於中心配發之可攜式儲存媒體，若屬檔案交換用途，應於交換後立即刪除。
- 於機房使用可攜式設備與儲存媒體必須經申請核准方可使用，並填寫機房可攜式設備與儲存媒體使用申請表。
- 中心配發之可攜式設備與儲存媒體禁止儲存非法之資料。
- 利用電腦設備讀取可攜式儲存媒體資料時，須確保病毒防護程式已啟動。

改善前

左圖中的標題與內容有明顯區隔，內容也採用條列文字的方式，排版上也沒有太大問題，看不出有哪裡不好。不過，如果你仔細閱讀內容，就會發現問題了。內容不容易理解，即使看完了還是不明白到底想表達什麼。為什麼會這樣？因為條列之間缺乏關聯結構，調換了順序也看不出分別。沒有關聯結構的資訊，只要內容一多就會顯得不容易理解。有效改善的方式，就是重新組織排列，在利用分類的方式增加一個層次。

可攜式設備與儲存媒體管理

▌ **私人之可攜式設備與儲存媒體**
- 禁止連結中心公務網段，包括OA區、開發區、測試實驗室
- 禁止儲存中心密級（含）以上之資訊

▌ **中心配發之可攜式設備與儲存媒體**
- 禁止儲存非法之資料
- 禁止未經加密儲存密級（含）以上之資訊；若屬檔案交換用途，應於交換後立即刪除

▌ **使用注意事項**
- 於機房使用可攜式設備與儲存媒體必須經申請核准方可使用，並填寫機房可攜式設備與儲存媒體使用申請表。
- 利用電腦設備讀取可攜式儲存媒體資料時，須確保病毒防護程式已啟動。

改善後

將左圖中的資訊以「私人」、「中心配發」與「共通性」來重新分類，修改為右圖的結果。資訊之間的關聯結構變得更清楚了。

單張投影片上的資訊流水帳，可以透過區隔標題、關鍵訊息與內容，或是透過線框區隔、重新組織內容等方式來改善。那麼，如果是整份簡報的架構看起來像流水帳呢？（見圖 1-14）

圖 1-14 ｜使用邏輯框架來重新組織簡報架構，改善資訊流水帳

缺乏結構性的流水帳式簡報

改善前

投影片之間並沒有明確的邏輯結構。

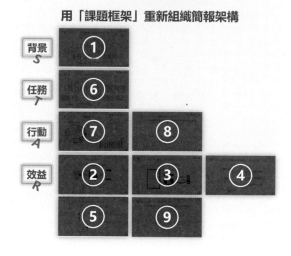

用「課題框架」重新組織簡報架構

背景 S

任務 T

行動 A

效益 R

改善後

使用邏輯框架來重新組織簡報的架構，在檢視內容後屬於「成果展現」的場景，建議使用情境類型中的「課題框架」來重新組織架構。

　　有時使用邏輯框架來重新組織時，可能會發現有缺漏不足的部分，比方說：使用課題框架來組織時，發現沒有對應「效益」的內容。這時就需要再補足缺漏的內容，否則重新組織後的架構仍然有邏輯性的問題。

　　關於「邏輯框架」的使用技巧與詳細說明，請見第二章。

障礙④：「整合性不足」

「這是簡報？還是剪報？」

有時會看到一種簡報，在投影片中有著不同的風格，字型、色彩、排版都相差頗大，看起來就像是不同人做的，我都會笑稱這是「剪報」而不是在做簡報。這對簡報成效會有什麼影響？除了視覺上的觀感不佳，好像看不出有其他影響，不是嗎？

當然不是。

人的認知或者說專注力，是有限的。如果我們持續看著五顏六色、不斷變化的圖像，很快就會覺得不舒服，這是因為認知疲勞的緣故。這些視覺上的變化衝擊超過了我們的「認知負荷」，於是我們就再也無法接收任何訊息了。

簡報的視覺也一樣。當投影片切換時，畫面上的任何元素改變，我們就必須重新適應新的畫面、確認如何解讀畫面上的訊息，這些行為都會消耗我們的精力。標題改變了位置、調整了顏色與大小都會消耗我們的認知與注意力；如果每一張投影片都在不停地改變風格，很快地，我們的認知與專注力就被消耗殆盡，無法再理解任何訊息了。

圖 1-15| 整合性不足的簡報

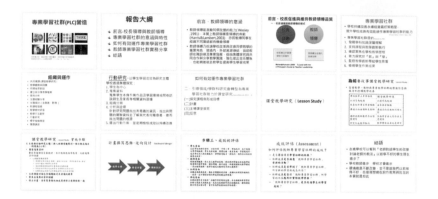

改善前

每一張投影片的字型、大小、顏色與排版位置都不一致。（見圖 1-15）

會產生簡報風格不一致的情況，可能有幾種原因：

■ 製作投影片時沒想那麼多，想怎麼做就怎麼做。

■ 整合不同人所製作的簡報，受到個人風格與簡報範本不一致的影響。

■ 從網頁或其他簡報上複製貼上時，連同設定的格式一併改變了。

為了使認知與專注力可以最大幅度地保留在重要訊息上，在製作簡報時盡可能做到：

■ 減少畫面上不必要的元素（插圖、裝飾線條、陰影、動畫等）

■ 減少差異化的數目（顏色的數量、字型的數量、版面的設計）

■ 減少投影片之間風格的改變（顏色代表的意義、字體的大小與位置、字體的字型等）

改善「整合性不足」的有效對策

■ 有效對策❶：設定簡報風格，統一套用於整份簡報

　　⇨ 簡報風格包括版面組合、字體組合、色彩組合

　　⇨ 版面組合：封面頁、封底頁、過場頁、基本內頁、切換內頁

　　⇨ 字體組合：標題／關鍵訊息一種字型，內容一種字型；中／英文各一組

　　⇨ 色彩組合：背景色（淺底深字、深底淺字）、主題色、重點色

■ 有效對策❷：打造一個專屬簡報範本

　　⇨ 設定簡報風格並製作出一個簡報範本，以範本來做簡報。

　　⇨ 提供相關人員相同簡報範本，製作簡報，方便統整為一致風格。

圖 1-16 │ 減少與統一簡報風格，改善整合性不足

改善後

回到前面的案例，先將簡報中的色彩先移除，保持白底黑字的風格，並將字型組合統一，設定微軟雅黑體為標題字體、關鍵訊息文字的字體，採用微軟正黑體來呈現內容與輔助資訊。最後，記得將版面風格也統一，包括標題的字體大小、位置，文字內容的字體大小、位置都調整為相同的設定。（見圖 1-16）

05｜打造專屬範本，聚焦內容、方便整合

大多數的企業都會制定一套企業識別系統（CIS，Corporate Identity System）與簡報範本提供給員工，在製作簡報或文宣時使用。

提供範本的目的，一方面維持企業品牌形象的一致性；另一方面節省員工花在視覺設計上的心力，將心思更聚焦在解決知識內容的產出與工作問題。

如果你所在的企業或組織，沒有提供特定的簡報範本，或是你覺得既有範本還有很大的改善空間，不妨參考以下的做法，三個步驟打造專屬於你的簡報範本。（見圖 1-17）

圖 1-17 ｜製作簡報範本的三個步驟

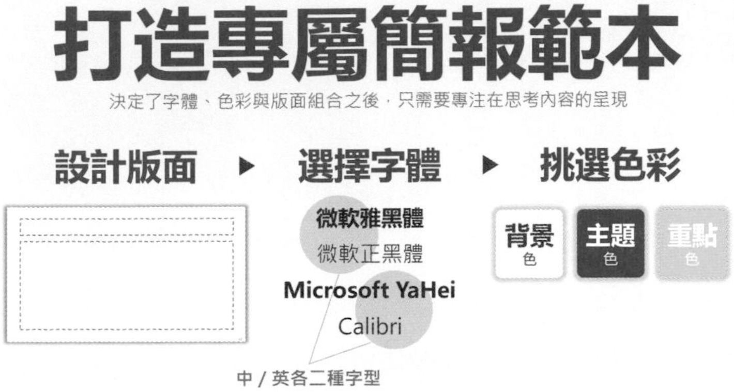

打造專屬簡報範本

決定了字體、色彩與版面組合之後，只需要專注在思考內容的呈現

設計版面 ▶ **選擇字體** ▶ **挑選色彩**

微軟雅黑體

微軟正黑體

Microsoft YaHei

Calibri

中／英各二種字型

背景 色 **主題** 色 **重點** 色

步驟 1──設計版面

投影片的版面，就如同房屋的格局，決定了資訊區塊的位置分配，盡可能符合受眾的視覺習慣。

■ 視線動向：從左到右、由上而下、順時針

■ 吸睛程度：人物圖像＞景物圖像＞文字數據

工作型簡報的版面，不需要太複雜。受眾的專注力應該投入在我們希望他們看到的資訊上，而不是多樣化的版面設計。只要五張投影片的版面設計，就足夠滿足工作型簡報的需求。（見圖 1-18）

圖 1-18｜範本版面設計的五張基本投影片

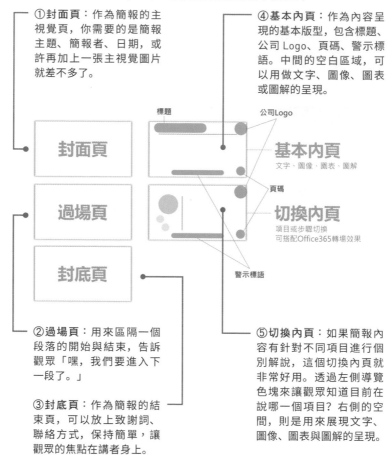

①**封面頁**：作為簡報的主視覺頁，你需要的是簡報主題、簡報者、日期，或許再加上一張主視覺圖片就差不多了。

④**基本內頁**：作為內容呈現的基本版型，包含標題、公司 Logo、頁碼、警示標語。中間的空白區域，可以用做文字、圖像、圖表或圖解的呈現。

②**過場頁**：用來區隔一個段落的開始與結束，告訴觀眾「嘿，我們要進入下一段了。」

③**封底頁**：作為簡報的結束頁，可以放上致謝詞、聯絡方式，保持簡單，讓觀眾的焦點在講者身上。

⑤**切換內頁**：如果簡報內容有針對不同項目進行個別解說，這個切換內頁就非常好用。透過左側導覽色塊來讓觀眾知道目前在說哪一個項目？右側的空間，則是用來展現文字、圖像、圖表與圖解的呈現。

　　若是你有套用範本的習慣，建議在選擇時可以考慮可利用空間的大小。如果你的簡報內容常常文字比較多，那麼範本選擇可利用空間大一些，會讓你的發揮空間更大些。（見圖 1-19）

圖 1-19 ｜ 版面設計影響可使用空間的大小

步驟②—選擇字體

首先，**簡報中的字體，影響了整體的風格**，比如說：無襯線的字體，適合商務風格或俐落、動態的感覺，做為放大標題也很適合。相反地，有襯線的字體，適合人文風格或靜態的感覺，容易辨識、適合做為內容說明。（見圖 1-20）

圖 1-20 ｜ 有襯線與無襯線的字體選擇

當投影片上的字數不多時，採用有襯線或無襯線的字體，沒有太大差別。但是，字數較多時，我習慣採用無襯線的字體，因為閱讀起來比較舒服。當然，這沒有絕對的對錯，請依你實務上的成效來決定就可以。基本上把握一個原則：符合受眾的閱讀習慣。

其次，**字體組合不要超過兩種**，我的做法是標題與關鍵訊息採用一種字型、內容採用另一種，這樣對比的效果最好。當你選擇超過兩種以上的字體組合，反而讓人需要判斷字型所代表的意義。我個人偏好以「微軟雅黑體」加粗作為標題、關鍵訊息的字體，而內容則是使用「微軟正黑體」，這樣在我的簡報中，只要看到明顯粗體的黑字，就知道是它一定是標題或關鍵訊息。

最後，如果要透過字體大小凸顯對比，最好相差兩個級距以上較為明顯。同樣是採用 20pt 的內容文字，左圖的標題相差一個級距（24pt），而右圖相差三個級距（32pt）更能凸顯層次上差異。（見圖 1-21）

圖 1-21 ｜字體大小相差兩個級距以上凸顯對比

24pt 簡報的形式 **20pt** 簡報的形式可以多元化：除了使用簡報軟體之外，傳統的印刷或手寫方式亦是很好的簡報媒介。在不少的研討會中，海報展示及論文簡報都是常見簡報方式。此外，在戶外場所，亦有使用大張的活動展板作簡報。	**32pt 簡報的形式** **20pt** 簡報的形式可以多元化：除了使用簡報軟體之外，傳統的印刷或手寫方式亦是很好的簡報媒介。在不少的研討會中，海報展示及論文簡報都是常見簡報方式。此外，在戶外場所，亦有使用大張的活動展板作簡報。

步驟三：挑選色彩

在商務簡報中的色彩，有兩層意義。

■ 第一層意義，是用來凸顯重點。
■ 第二層意義，是用來呈現出品牌形象。

限制色彩的使用時機，更能凸顯色彩出現代表「重要」的意義。比如說：中國的水墨畫，憑藉著濃淡深淺也能展現出層次感的變化，在簡報中也是如此，靠顏色的深淺來表現「層次」、由顏色的不同來呈現「對比」。

建立色彩組合時，只需要挑選背景色、主體色與重點色。（見圖 1-22）

■ 背景色：淺底深字、深底淺字
■ 主題色：自家公司或客戶的企業識別色、符合簡報主題的色彩
■ 重點色：對應於主題色能產生強烈對比的色彩

圖 1-22 ｜商務簡報的色彩選擇

一般來說，主題色與重點色在整份簡報所占的比例不到兩成，大多以背景色為主。這本書中所有的圖檔，大部分都是我在企業培訓的簡報內容，使用的就是圖中的色彩組合。

在職場簡報的色彩組合挑選上，考慮到紙本列印的可能性，背景色盡可能選擇淺底深字；主題色大多遵循企業識別色，因此重點色的挑選要考慮與主題色的對比，包括螢幕投影上的對比、紙本上的對比，都應該清晰易辨。

可以先製作一、二張投影片列印出來，檢視在灰階或黑白列印下的效果。

你可能會問，這樣簡報中的色彩不會太單調嗎？如果你有注意一些外商的簡報，就會發現他們是使用圖片來豐富簡報的視覺，而且顏色使用不多，透過色彩視覺規範來表現品牌形象。

比方說，在 Facebook 與 Microsoft 的財報中，我們只會看到對應的品牌色與不同色階的深淺的變化，不會出現其他的顏色。（見圖 1-23）

圖 1-23 ｜ Facebook ／ Microsoft 官方網站財報，以企業識別色做為色彩組合

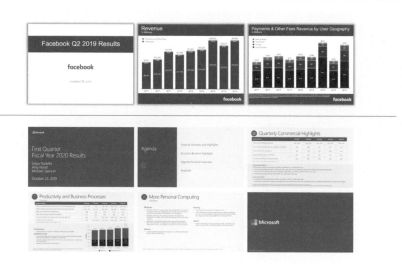

Facebook 官方網站財報，以單一顏色的深淺變化來呈現

　我用模組化簡報解決 99.9% 的工作難題

06 | 四個步驟，打造模組化思維的工作型簡報

工作型簡報與一般簡報不同，不是為了抒發情感，也沒有時間讓你說故事。

簡報受眾往往是同事、主管、老闆或客戶，講求效率，目標就是清楚傳達「與受眾有關、對受眾有用」的資訊，當成他們下一步行動或判斷的依據。也就是：

- 釐清目的、對象與建立連結的有效方式（與我有關、對我有用的資訊是什麼？）

- 合乎邏輯、簡明扼要的架構（如何說會讓我覺得：言之有理、言之有序？）

- 連貫主題、精準表達的內容（具體來說是什麼呢：言之有物、言之有據？）

做到這些讓簡報產生成效，再來思考如何做好視覺設計、表達技巧，提供對方更好的簡報體驗。

而「模組化思維」就是讓簡報產生成效的甜蜜點，讓你做簡報就像玩樂高一樣簡單。

　　我將這套思維運用在提升工作型簡報的成效上，發展出一套培訓課程，在微軟、松下、可口可樂、鼎新等知名外商與大型企業大受好評，許多職場工作者都感受到這套技術的實用性與變化性，更有不少學員反映運用這套技術成功對客戶提案、獲得升等，也更有自信。

　　能獲得學員真實有效的回饋，我也深感榮幸。有鑑於此，更激勵我迫切想完成這本書。圖中的四個階段：從思維出發、由布局開始、將視覺優化、讓價值展現，是學習模組化簡報思維的流程，也是這本書的架構。（見圖 1-24）

圖 1-24 ｜模組化思維的學習流程及打造工作型簡報的四個步驟

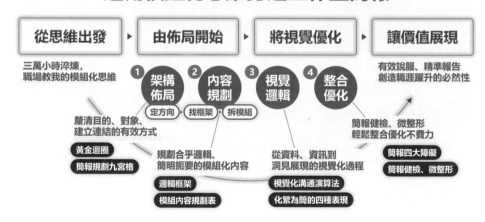

　　運用模組化思維來打造工作型簡報，分為四個步驟：

- 架構布局：釐清簡報目的、對象與有效溝通的方式
- 內容規劃：規劃合乎邏輯、簡明扼要的模組化內容

　我用模組化簡報解決 99.9% 的工作難題

- 視覺邏輯：從資料、資訊到洞見展現的視覺化過程
- 整合優化：簡報健檢與微整形，輕鬆做好整合優化

步驟①—架構布局：釐清簡報目的、對象與有效溝通的方式 ⋯⋯⋯⋯

以終為始，成功的簡報始於明確的目標、正確的方向。

首先，運用「黃金迴圈」確認讓簡報有效的要素。（見圖 1-25）

① 目的：為什麼要做簡報？對象是誰？希望對方聽完的反應？

② 方式：要如何做才能讓對方產生期望的反應？

③ 內容：具體來說，簡報要有什麼的內容？

④ 目的：再次確認，為什麼可以讓對方產生期望的反應？為什麼是我做簡報？（Why me?）

⑤ 關聯：簡報的內容與受眾有什麼關聯性？（How important?）

⑥ 效益：簡報的內容對受眾有什麼價值性？（What benefit?）

圖 1-25 ｜結合「思考的黃金圈」與「表達的黃金圈」的黃金迴圈

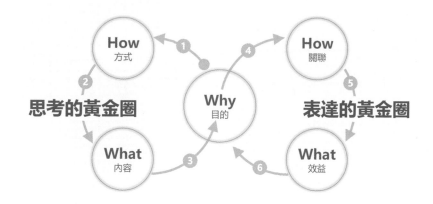

進一步透過「簡報規劃九宮格」發展出簡報內容規劃的雛形。（見圖 1-26）

圖 1-26 ｜簡報規劃九宮格，確認內容規劃的關鍵元素

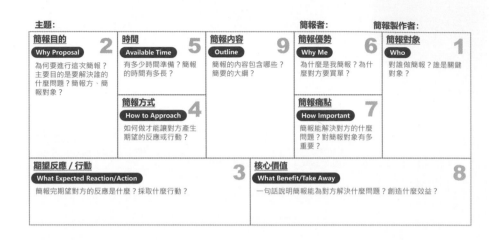

關於「黃金迴圈」與「簡報規劃九宮格」的使用技巧與詳細說明，請見第二章。

步驟②—內容規劃：規劃合乎邏輯、簡明扼要的模組化內容

找到一條絲線將這些珍珠（內容）串起來，成為一條有價值、吸引人的珍珠項鍊（簡報）。

那麼，有什麼可以做為那條絲線？邏輯框架就是不錯的選擇！（見圖 1-27）

圖 1-27 ｜運用邏輯框架快速組織合乎邏輯、簡明扼要的簡報架構

類型	框架	框架元素	使用時機	突顯焦點
時間	Period 期間	過去　現在　未來	趨勢變化、分段說明	—
	Phase 階段	短期　中期　長期	策略規劃、時程佈局	—
	Step 步驟	步驟一　步驟二　步驟三	流程計劃、步驟說明	—
空間	Scale 規模	大 ⟶ 小	產業研究、市場分析	—
	Far 距離	遠 ⟶ 近	地域比較	—
情境	WHW 主題	目的　關聯　效益	掌握全貌、建立關聯	關聯、效益
	PREP 議題	論點　理由　實例　重申	價值主張、提出訴求	論點、實例
	SCQA 問題	情境　衝擊　課題　對策	強調影響、問題解決	影響、課題
	STAR 課題	背景　任務　活動　成果	達標難度、成果價值	目標、成果

　　邏輯框架中包含了時間、空間與情境三種類型，共有九種對應常用場景的框架，可以依據簡報目的、對象以及報告的場景與凸顯焦點，選擇合適的邏輯框架來作為簡報內容的架構。

　　比如說：展現專案的成果價值，可以選擇課題框架（STAR），說明專案背景、專案目標與個人在專案中扮演的角色、有哪些關鍵行動、具體的成果與價值效益；如此一來，就能加速思考到產出的過程。

　　為了因應報告場景中的各種變化，需要透過「模組內容規劃表」拆解簡報內容模組化，成為各種內容積木，事先規劃時間策略。

　　即使面對一小時、半小時，甚至是三分鐘的報告場景，都能像玩樂高一樣快速組裝出簡報內容，從容面對各種工作場景中的報告問題。（見圖 1-28）

圖 1-28 ｜透過模組內容規劃表拆解為自由組裝的內容積木

模組內容規劃表

主題： 專案成果報告：XX有限公司

開場		客戶主要營運為經營某產品專業代理經銷及直營連鎖門市，由於遊戲產業的特性，他們面臨二個問題：需要準備充足備貨資金，但又無法準確預估需要多少。因此，這次設定的目標就是提升營運資金活化能力，透過三個關鍵策略的實施，成果均達到目標值，其中營業利益能力更是達標149%。			3
	框架	**關鍵訊息**	**強化根據**	**佐證資訊**	**時間**
內容	背景(S)	1. 商品成本高毛利低，存貨無法快速變現，因此需要準備充足資金備貨 2. 新品預購周期較長，無法準確預估備貨資金，來達成品牌商的銷售門檻	1. 經銷同業競爭激烈 2. 高成本低毛利 3. 促銷削價戰爭 4. 新片預購期平均半年	客戶主要營運為經營某產品專業代理經銷及直營連鎖門市，到某產品產業特性影響。	3
	任務(T)	提升營運資金活化能力	提供系統整合解決方案，協助客戶從POS導入，將通路銷售到庫存結貨管理串聯到財務內稽內控流程。	解決問題： 1. 無法有效掌握門市現金流 2. 各通路無法有效精準行銷 3. 庫存成本高，產品毛利低	2
	行動(A)	1. 提升門市現金流量 2. 提升通路銷售能力 3. 提升營業利益能力	1. 門市預收流程重置 2. 定期召開通路會議，各通路促銷流程優化、通路調貨流程優化 3. 通路預購流程優化、通路銷貨流程優化		3
	成果(R)	1. 門市現金流量增加1,000萬，預購品料建置率100%，門市現收重置率100% 2. 通路銷售能力提升到4.8倍(104%達成率)；降低備品庫存率(58%→67%)，降低備品庫存率(15%→7.7%)，降低庫存缺貨率(23%→16%) 3. 營業利益能力提升至2,052萬(149%達成率)；採購以量制價(+232萬)、銷售以量制價(390萬→1,400萬)、備品成本議價能力(300萬→420萬)			2
結尾		為了提升客戶營運資金活化能力，這次透過三個關鍵策略的實施，成果均達到目標值，其中營業利益能力更是達標149%。除了提升資金掌控能力，未來期許進一步開拓新通路(百貨專櫃)，以及完成供應鏈一體化(品牌精準行銷)的藍圖。			2

關於「邏輯框架」與「模組內容規劃表」的使用技巧與詳細說明，請見第二章。

面對工作場景中的報告問題，如果不知道如何運用前面所提到的這些工具與技巧，也不必擔心。在第三章針對職場工作者最常使用的五個簡報場景的案例解析，告訴你如何用模組化簡報做出一份有高度、受肯定的報告：

① 做計畫、追進度、展成果，工作報告怎麼準備？

② 職涯躍升，展現價值的升等報告、履歷簡報怎麼準備？

③ 資源攻防戰，企業的策略規劃與企劃提案怎麼寫？

④ 讓老闆、客戶都買單的銷售簡報怎麼做？

⑤ 市場資訊、新聞報導如何整合為一份報告？

步驟③─視覺邏輯：從資料、資訊到洞見展現的視覺化過程

視覺化的價值，不在於華麗的資料圖表、或是吸睛的資訊設計，而是洞見展現的那一刻。

對於工作型簡報來說，視覺化是為了讓訊息更好地被理解，所以談的是呈現的邏輯、而非設計。當你透過內容傳達出打動人心的關鍵訊息時，設計就變得一點都不重要，只要純粹地說出簡報受眾需要的那一句話。

好的視覺化溝通，應該要做到三件事：

① 重點：一眼就看到重點

② 視線：一眼就看完內容

③ 畫面：一眼就看出專業

問問自己「你希望呈現給受眾什麼樣的景色？」

資訊的視覺化，可以想像成一座金字塔。從底端的初階資料，擷取訊息再重新組合成為資訊切面，愈往金字塔頂端移動，擷取出來的資訊也就愈精粹、愈接近圖像化的呈現，愈容易被受眾理解。（見圖 1-29）

你該做的，是找到底端到塔點之間的甜蜜點，那是你希望呈現給受眾的景色。

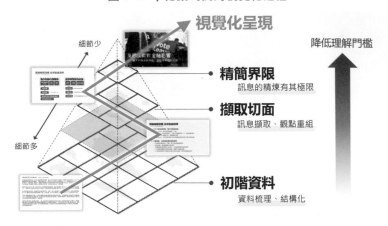

圖 1-29 ｜化繁為簡的視覺化過程

視覺化呈現

降低理解門檻

細節少

精簡界限
訊息的精煉有其極限

擷取切面
訊息擷取、觀點重組

細節多

初階資料
資料梳理、結構化

我認為工作型簡報著重的是「視覺邏輯」而非「視覺設計」，理由有三點：

■ 訴求是「有效溝通、精準表達」，優化「視覺設計」所能提升的效益有限

■ 在時間的限制下，很難兼顧「視覺邏輯」與「視覺設計」

■ 維持簡報成效的「必然性」，遠比視覺效果的「偶然性」來得重要

這本書中告訴你的，是如何做好「視覺邏輯」這件事，讓訊息傳達能夠有更有效的溝通、更精準的表達與更好的理解與認同。

關於「視覺化溝通的演算法」，以及工作型簡報常見的訊息視覺化技巧與詳細說明，請見第三章。

步驟④—整合優化：簡報健檢與微整形，輕鬆做好整合優化

在簡報製作完成後，我們可以透過簡報健檢來做一次全面性的檢視，以確保簡報能發揮最大的成效，包括三個環節：

■ 架構的邏輯：檢視簡報的目的、開場、內容與結尾

- 內容的層次：利用留白、對齊、對比、親密與重複這五項設計原則來優化
- 視覺的風格：字體組合、配色方案的選擇

健檢❶：架構邏輯的四個要點

- 目的：為什麼要做簡報？希望對方的反應是什麼？
- 開場：透過「表達的黃金圈」來建立連結、掌握全貌。
- 內容：運用「過場頁、導覽列、邏輯框架」來改善架構扁平化問題。
- 結尾：聚焦總結、展望未來，別忘了再次喚起行動！

圖 1-30 ｜架構邏輯的四個要點

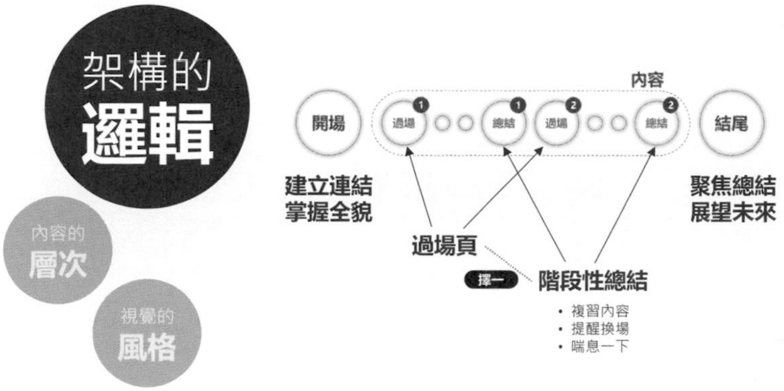

健檢❷：內容層次的三個要點

- 投影片的三個要素：標題、關鍵訊息、內容
- 運用「留白、對齊、對比、親密」讓三個要素的層次分明
- 讓整份簡報維持一致性，降低受眾的認知負荷

圖 1-31 ｜內容層次的五項設計原則

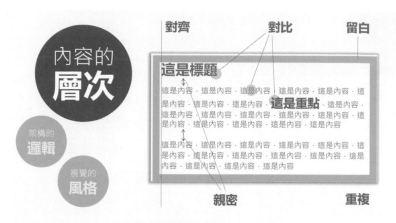

圖 1-31 ｜內容層次的五項設計原則

健檢❸：視覺風格的兩個要點

■ 字體組合：使用字型不超過兩種，一種用於標題與關鍵訊息，另一種用於內容

■ 配色方案：背景色、主題色、重點色

圖 1-32 ｜視覺風格的兩個要點

我用模組化簡報解決 99.9% 的工作難題

關於「簡報健檢」與如何透過「微整形」來改善簡報整體成效的技巧與詳細說明，請見第四章。

CHAPTER
02 由布局開始：規劃合乎邏輯的架構、與簡明扼要的內容

無論是簡報、表達或溝通，都要建立「先框架再細節、先整體再拆解」的模組化思維。先釐清目的，再構思架構布局，建立邏輯清晰的結構，然後安排內容規劃，將想法與素材放進對應的模組中。

本章教你：

⊕ 定方向：釐清簡報目的、對象與建立連結的有效方式
⊕ 找框架：利用邏輯框架快速組織合乎邏輯的簡報架構
⊕ 拆模組：將簡報內容拆解為模組積木，依照需求組裝

01 | 定方向：釐清簡報目的、對象與有效方式

每次進行企業培訓的簡報課程提案時，我都會詢問負責教育訓練的窗口人員幾個問題：

- 「請問這次課程的目的是什麼？授課對象是誰？」
- 「目前同仁遇到的簡報障礙有哪些？」
- 「希望透過課程達成什麼效益？」

三個提問，我就能釐清目標（課程效益）與現況（同仁的簡報障礙），而兩者之間的落差就是我在培訓過程中要解決的問題。搞清楚「解決誰的什麼問題？」才能找出正確的解決方法。

要做好簡報，也是一樣的道理。如果一份簡報，不清楚要解決的問題是什麼，或是解決的不是簡報對象，那麼可以預期這份簡報將會是無效的簡報。

即使你把簡報做得再好，內容再豐富、架構再有邏輯，也沒有任何意義。

「你會想看一份與自己無關的簡報嗎？」我想多數人的答案是「不會」，那麼，你又為什麼會讓對方看一份與他無關的簡報呢？

成功的簡報，第一步就是找到正確的方向。

以終為始，用思考黃金圈釐清簡報的方向

> 「人們不會買你在做什麼，他們買你為什麼這樣做。」

黃金圈法則，用一個簡單的同心圓，解釋了為什麼人們喜歡蘋果的產品，（見圖 2-1）以及偉大的領導者是如何激勵人心。世界上所有成功的領導者或是品牌，都具備一項特質：他們思考、行動和傳達的方式都遵循黃金圈法則。

從核心理念（Why）開始思考，然後向外思考如何實現（How）、最終呈現出的結果（What）又是什麼？但是多數人卻是反其道而行，聚焦在看見的結果，而不是深入思考背後的理由。

圖 2-1 ｜蘋果公司的產品行銷運用黃金圈法則讓消費者買單

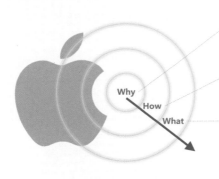

品牌理念是創新思考、帶給消費者卓越的使用經驗

設計出簡約精緻的產品外型、人性化的使用者介面

推出特定的產品

黃金圈法則，同樣可以運用在簡報、表達與溝通上。（見圖 2-2）

■ 先思考目的：為什麼要做簡報？希望讓對方做出什麼反應？

■ 再找到方式：如何做才能讓對方做出期望的反應？

■ 最後是做法：具體來說，需要準備什麼內容與素材？

圖 2-2｜運用黃金圈法則來思考簡報的方向

有一次，我在微軟的簡報課程提案中，就是運用黃金圈法則成功地拿下這個案子，在眾多優秀的提案之中脫穎而出。想知道我是如何做到的嗎？

一開始，我接到微軟的培訓需求是這樣的：有十位左右的學員，希望透過課程提升簡報技能。

在我提案之前，其實微軟已經找過不少管顧公司與講師進行提案，但都不符合他們的期望。於是，我向微軟的承辦窗口問了幾個問題：

「請問這次課程的目的是什麼？授課對象是誰？」

「目前同仁遇到的簡報障礙有哪些？」

「希望透過課程達成什麼效益？」

在多次來回的溝通與討論之後，我釐清了這次提案的目的與對象。

原來這一批授課對象是微軟全球菁英徵才計畫（The MACH Program）的成員，都是極為優秀的應屆大專院校／研究所畢業生，在經過一年的職涯訓練之後，準備向總經理與高階主管，在六分鐘的時間內，報告這一年來的工作成果與學習心得。希望透過這次培訓課程，達成以下三個目標：

- 提升簡報能力（積極態度、正面用語、組織架構、視覺呈現、時間掌控）
- 在報告中能凸顯個人特色與優勢
- 在報告中能展現出他們是一個團隊

很快地，我為這個提案定了方向：透過簡報解決工作問題，同時展現個人與團隊價值。然後，我運用黃金圈法則來進一步思考：

① 先思考目的：這次簡報是為了課程提案，希望微軟能買單。

② 再找到方式：為了讓對方願意買單，我要解決哪些人的問題？

⇨ 承辦窗口：確保培訓符合預期目標、有具體效益。

⇨ 授課學員：在短時間內完成報告，讓高階主管滿意他們的表現。

⇨ 高階主管：看見簡報能力的提升、個人特色與優勢、展現出團隊意識。

③ 最後是做法：具體來說，我在提案過程中做了三件事：

⇨ 準備一份英文提案簡報，用外商習慣的語言與方式。

⇨ 提案中說明課程目標、進行方式與具體效益。

⇨ 說明過往面對高層報告、對企業培訓的經驗談。

⇨ 規劃課前作業、課中產出與課後回饋，讓承辦窗口具體可驗收。

最後，我只用了六張投影片拿下了提案（見圖 2-3）。在後續的培訓過程也

十分順利，最終也聽到了好消息：總經理與高階主管對於這群同仁的年度報告極為滿意。

圖 2-3 ｜我用六張投影片成功拿下微軟的課程提案

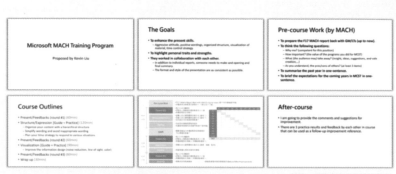

備註：提案內容已做模糊處理

　　這一切的成果，都始於最初釐清了目的、對象，我才能找出有效方式。我將這個過程稱為「思考的黃金圈」，用來釐清簡報的方向。（見圖 2-4）

圖 2-4 ｜用思考的黃金圈來釐清簡報的方向

從目的（Why）出發，找到方式（How）與具體內容（What）後，再回到最初的目的（Why），以檢視實際產出的簡報內容能確實達到目的，並讓對方產生我們預期的反應。

建立連結，用表達黃金圈確認關聯效益

釐清了簡報方向，接著是確認簡報對象認同你的理由？為什麼對方會認為簡報是有效的？

關鍵就在於與簡報對象「建立連結」，讓他們清楚知道簡報內容與他們有關、對他們有益。

亞里斯多德在《修辭學》中提到，有效溝通與說服的關鍵，在於人格、情感、邏輯這三個要素。

- 人格：就是別人相信你的理由；可能是你的專業權威、權力地位或是經歷背景。
- 情感：要建立起情感上的連結；別人願意聽你說，是因為覺得內容對他們很重要。
- 邏輯：觀點或導出結論的脈絡；你所說的內容必須合乎邏輯、言之有據。

這三個要素，正好可以對應到黃金圈法則中。（見圖 2-5）

- 目的：為什麼是我來簡報？為什麼對方要相信我？（why me?）
- 關聯：簡報內容與對方有何關係？對他們有多重要？（how important?）
- 效益：對方可以從簡報中獲得什麼？（why take-away/benefit?）

圖 2-5 ｜溝通三要素與黃金圈的對照關係

亞里斯多德的溝通三要素

Ethos　**Pathos**　**Logos**
(人格)　　　(情感)　　　(邏輯)

Why　　**How**　　**What**
(why me)　(how important)　(what take-away)

賽門・西奈克的黃金圈法則

我將亞里斯多德的溝通三要素結合黃金圈的概念，稱之為「表達的黃金圈」。（圖 2-6）

圖 2-6 ｜用表達的黃金圈確認簡報的關聯效益

簡報沒有說服力？用黃金迴圈做好簡報的前置作業

不少企業主都會問我，如何提升員工在表達上的說服力？特別是在會議報告、溝通討論時，說服力不足的問題直接的影響到工作品質，有時還會衍生出不必要的誤會與麻煩。

造成說服力不足的原因，主要有三：想不清楚、說不明白、說得太多。

想不清楚，自然連自己也說服不了；想清楚了，但說不明白也無法讓對方認同；想清楚了、也能說明白，但是說得太多，反而讓主題失焦、抓不住重點。除此之外，多數人習慣直接以自我思考的邏輯來表達，沒有考慮到聽眾的背景與專業程度，也沒有建立與聽眾的信任與連結，自然也不會得到期望的結果。

說不明白、說得太多，都可以透過框架或邏輯上的檢視來改善；但是，想不清楚，表示簡報一開始的方向就錯誤了，後面所有的努力也都是白費力氣。

回到一開始企業主提出的問題，我通常會建議：從找到正確的簡報方向開始。

在企業培訓或顧問輔導的過程中，我都會使用「黃金迴圈」來檢視簡報的前置作業是否完善；它是由「思考的黃金圈」與「表達的黃金圈」所組成的，可以分為六個步驟：（見圖 2-7）

① 目的：簡報的目的？為什麼是我來簡報？希望對方的反應是什麼？

② 方式：要如何做才能讓對方產生期望的反應？

③ 內容：具體來說，需要準備什麼內容與素材？

④ 目的：再次確認「方式」與「內容」是否能夠達到目的？

⑤ 關聯：簡報內容與對方的關聯重要性？

⑥ 效益：在簡報結束後，對方可以獲得什麼？

做法是，先從「思考的黃金圈」開始，釐清簡報的目的、方式與內容，再回到目的確認沒有偏離，找出簡報的方向後，緊接著再從「表達的黃金圈」找出提升說服力的三個關鍵：目的、關聯、效益，最後再回到目的確認沒有偏離。

圖 2-7｜用黃金迴圈檢視簡報的準備是否完善？

實例

在製作簡報之前，我都會使用黃金迴圈來釐清簡報的準備事宜。

有一次受邀到三商美福進行一場「有效溝通、精準表達的黃金圈法則」的主題演講，我就是利用黃金迴圈確認簡報的方向與內容，並整理成一張表格。透過這張表格，不僅可以快速與承辦人員確認講題方向，同時更能聚焦在演講內容的規劃上。（見圖 2-8）

圖 2-8 ｜用黃金迴圈表格確認簡報的事前準備

主題：找到你的為什麼：有效溝通、精準表達的黃金圈法則

Why (目的)	How (作法)	What (內容)
讓聽眾瞭解如何運用黃金圈來思考、表達與解決問題。	1. 說明黃金圈法則的價值與應用方式。 2. 透過實際案例解析來讓聽眾認同與理解黃金圈法則的應用。	1. 關於黃金圈法則。 2. 實務如何運用黃金圈來解決問題。 3. 將黃金圈延伸應用在溝通表達的黃金迴圈上。

Why Me?	How Important?	What Take-away?
1. 十多年實務經驗。 2. 二年多超過百場演講與培訓經驗。 3. 一篇探討黃金圈及其應用的文章。	1. 找到激勵自己、影響他人的思考模式。 2. 有效釐清與解決工作上的問題。 3. 改善溝通表達的效率。	1. 黃金圈法則 2. 運用黃金圈思考目的 3. 運用黃金圈解決問題 4. 運用黃金圈溝通表達

進階版「簡報規劃九宮格」幫助你做好簡報內容規劃

除了簡易的黃金迴圈表格之外，我還有一個進階版的工具「簡報規劃九宮格」可以幫助你規劃出更完整的簡報內容，包含了九個項目：（見圖 2-9）

① 簡報對象：對誰做簡報？誰是關鍵對象？

② 簡報目的：為何要進行這次簡報？解決誰的什麼問題？

③ 期望反應／行動：簡報完期望對方的反應是什麼？採取什麼行動？

④ 簡報方式：如何做才能讓對方產生期望的反應與行動？

⑤ 簡報時間：有多少時間準備？簡報的時間有多長？簡報後的問答時間？

⑥ 簡報優勢：為什麼是我簡報？為什麼對方要買單？

⑦ 簡報痛點：簡報能解決對方的什麼問題？對簡報對象而言有多重要？

⑧ 核心價值：一句話說明簡報能為對方解決什麼問題？創造什麼效益？

⑨ 簡報內容：簡報的內容包含哪些？簡報綱要？

圖 2-9 ｜運用「簡報規劃九宮格」規劃完整的簡報內容

透過九宮格，我們可以確認簡報對象、簡報目的、期望反應／行動，找出有效的簡報方式、簡報時間、簡報優勢、簡報痛點、核心價值，最後是發展出簡報內容。

實例

套用到這一場主題演講上，我運用「簡報規劃九宮格」完成了初步的內容規劃。（見圖 2-10）

圖 2-10 ｜我用「簡報規劃九宮格」完成主題演講的內容規劃

這張「簡報規劃九宮格」是黃金迴圈的延伸。

❶ 首先，從「簡報對象（Who）」出發，釐清「簡報目的（Why）」與「期望反應／行動（How）」之後，再來確認如何打動聽眾、令人願意行動的「簡報方式（What）」，這是套用思考的黃金圈。（見圖 2-11）

圖 2-11｜思考的黃金圈與簡報規劃九宮格的對應關係

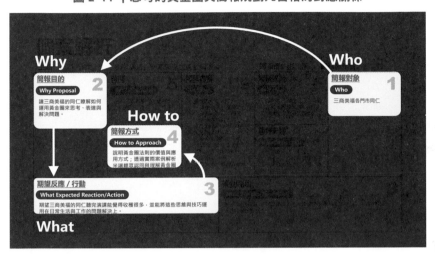

❷ 其次，為什麼是我來簡報。我的「簡報優勢（Why me）」是什麼？確認簡報的內容，對簡報對象來說有多重要，也就是「簡報影響（How important）」是什麼？最後，簡報對象的「核心價值（What Benefit）」又是什麼？這是套用表達的黃金圈。（見圖 2-12）

圖 2-12 ｜表達的黃金圈與簡報規劃九宮格的對應關係

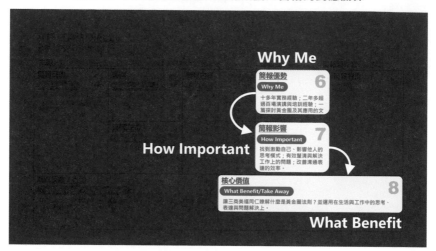

❸ 最後，結合思考的黃金圈與表達的黃金圈，所產出的就是「簡報內容」的初步綱要。（見圖 2-13）

圖 2-13 ｜黃金迴圈與簡報規劃九宮格的對應關係

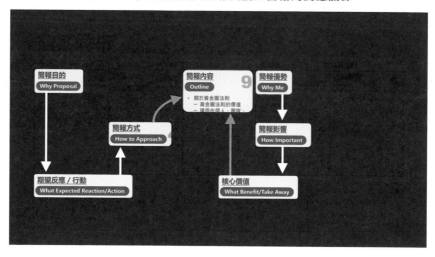

我用模組化簡報解決 99.9% 的工作難題

我會在以下三個時間點使用這張簡報規劃九宮格

① 簡報製作前：透過黃金迴圈先釐清簡報的目的、對象與有效方式，再運用簡報規劃九宮格發展為更為具體的內容規劃，以確認簡報內容製作的方向。

② 簡報完成後：以簡報規劃九宮格再次確認是否符合一開始的規劃。

③ 報告結束後：以簡報規劃九宮格檢視與紀錄報告成效的反饋。

02 | 找框架：利用邏輯框架快速組織合乎邏輯的簡報架構

一個好的簡報架構，不僅能加深別人對簡報的印象，也能提升說服力。

職場上常用來構思架構的方式有三種：

- 做規劃：最扎實的做法。不過在面對日常工作中的工作報告、會議討論等報告場景，肯定沒有如此充裕的時間與心力如此做，職場工作者需要更有效率的溝通與解決問題。

- 撿現成：最省力的做法。從現有的簡報直接修改，適用於例行報告、會議討論。但在對高階主管的策略報告、對外的提案簡報與銷售簡報等，如果一成不變的套用現成的簡報內容，恐怕只會造成反效果。

- 說故事：最有效的做法，特別是在凝聚共識、說服對方時，一個有說服力的故事可以將對方帶入你設定的場景，提高認同與共鳴的力道，最後在喚起行動時也格外有渲染力。但在工作場景中，說故事的機會並不多，沒有人有這麼多時間聽你說故事、慢慢鋪陳。

工作場景中的簡報超過八成都是屬於「工作型」簡報，重點在於有效溝通、高效表達，是為了解決工作上的問題；做規劃、撿現成與說故事這三種方式，都不適用。

我們需要的是簡明扼要、言簡意賅，能把內容說清楚、講明白的「敘事」架構。

過去我在負責產業分析時，時常需要閱讀大量的國外研究報告，同時也要撰寫分析報告。我從這些知名的研究機構與顧問公司，像是麥肯錫顧問公司、波士頓顧問公司，學習到運用「邏輯框架」作為撰寫報告的架構。

使用邏輯框架的好處是：合乎邏輯、簡明扼要，提升思考到產出的速度與品質。

比如說：思考公司發展策略時，該怎麼展開架構呢？如果你知道 SWOT，就可以很快地展開優勢、劣勢、機會、威脅四個面向的交叉分析；如果你知道 3C，就可以很快地從企業、市場、競爭者三個面向展開思考。這就是使用邏輯框架的威力！

十多年來，我蒐集了許多邏輯框架，應用在工作上的報告場景中。

在多年來不斷磨合、驗證之後，我將職場簡報中最常使用到的邏輯框架歸納為三大類、九個框架模型，就能搞定所有的工作型簡報。（見圖 2-14）

圖 2-14 | 工作型簡報常見的三大類、九種邏輯框架

類型	框架	框架元素	使用時機	突顯焦點
時間	**Period** 期間	過去　現在　未來	趨勢變化、分段說明	—
	Phase 階段	短期　中期　長期	策略規劃、時程佈局	—
	Step 步驟	步驟一　步驟二　步驟三	流程計劃、步驟說明	—
空間	**Scale** 規模	大 ⟶ 小	產業研究、市場分析	—
	Far 距離	遠 ⟶ 近	地域比較	—
情境	**WHW** 主題	目的　關聯　效益	掌握全貌、建立關聯	關聯、效益
	PREP 議題	論點　理由　實例　重申	價值主張、提出訴求	論點、實例
	SCQA 問題	情境　衝擊　課題　對策	強調影響、問題解決	影響、課題
	STAR 課題	背景　任務　活動　成果	達標難度、成果價值	目標、成果

時間類型：呈現趨勢、時程、流程、步驟等時間流向的架構

包含三種框架：期間框架、階段框架、步驟框架。

比方說，現在要準備一份年度工作報告，很容易聯想到與時間軸有關。使用「期間框架」將時間切分為三段：過去、現在、未來，那麼報告中架構就可以規劃為：

■ 過去一年的工作成果與反思

■ 現在進行中的工作進度說明

■ 未來一年的工作規劃與挑戰

空間類型：多項內容，根據規模大小、距離遠近來組織架構

包括兩種框架：規模框架、距離框架。

在規劃產業研究或市場分析報告的架構時，常會遇到的難題是：內容包含

的面向很廣,到底該如何安排架構中的順序呢?

如果內容是涉及規模大小,就採用「規模框架」由大至小的規劃架構;如果內容是涉及地域遠近,就採用「距離框架」從遠到近的規劃架構。

比方說,我正在準備一份關於台灣個人金融商品的報告,為了有比較的基礎,除了台灣個人金融商品的內容之外,我也會準備鄰近國家的個人金融商品說明、台灣的金融市場概況、鄰近國家的金融市場概況、全球的金融市場概況與總體經濟趨勢等內容。

那麼,我該如何規劃這份報告的架構,才不會顯得凌亂沒有邏輯呢?

就規模大小來區分,架構的規劃會是:總體經濟趨勢(全球)、金融市場(全球、鄰近國家、台灣)、個人金融商品(鄰近國家、台灣)。

情境類型:根據場景時機與強調焦點來選擇適當的框架

包括四種框架:主題框架、議題框架、問題框架、課題框架。(見圖 2-15)

圖 2-15 | 情境類型下的四種框架模型、框架元素與強調焦點

情境① 主題框架：

為了「掌握全貌、建立關聯」，或是強調「關聯、效益」 . . . .

在面對不明確的主題或是在專案計畫初期時，最常遭遇的問題就是「聽眾對於內容的掌握度不一致、缺乏共識」，這時候就可以採用「主題框架」來讓聽眾快速掌握全貌、建立關聯，消弭聽眾對於內容的資訊不對稱。主題框架包含三個框架元素：

■ 目的：為什麼要談論這個內容？

■ 關聯：內容對於簡報對象的關聯、影響或重要性？

■ 效益：內容對於簡報對象有什麼價值？可以獲得什麼？

案例❶ 主管指派你對公司內部同仁進行一場報告，主題是「5G 技術與應用」

這是個很新的題目，可以談的範圍也很廣，公司同仁對這個主題的瞭解與認知也不盡一致，主管也沒有交代方向，全交給你自由發揮。這時候你打算怎麼樣規劃報告的內容？

由於簡報對象的範圍十分廣泛，對於這個主題的背景掌握度也可能差異頗大，所以將目的設定為「對於 5G 技術與應用有一個初步的瞭解」會是比較好的選擇，採用主題框架，正好可以達成讓所有簡報對象能「掌握全貌、建立關聯」的目的。

■ 目的：為什麼要談論這個主題？什麼是 5G 技術？

■ 關聯：5G 技術對誰造成什麼影響？如何造成影響？

■ 效益：5G 技術可以帶來什麼效益？

所以報告的架構可以這樣規劃：

■ 為什麼要談 5G 技術？什麼是 5G 技術？

- 提及 5G 技術對公司、市場、客戶、競爭者、消費者有什麼影響？如何造成影響？
- 說明 5G 技術有哪些應用？帶來什麼效益？
- 說明 5G 技術的未來展望

案例❷你準備向主管報告一個專案企劃的內容規劃

你可以將整個專案企劃的內容一五一十地報告，但主管可能沒有太多時間聽你說完整個企劃，你必須在短時間內說重點，關鍵在於讓主管搞清楚狀況、知道他能為你做什麼。

所以，你應該使用「主題框架」來組織報告的架構，讓主管快速掌握整個企劃的全貌。

- 目的：為什麼要做這個專案企劃？背景與目標是什麼？
- 關聯：這個專案企劃對於公司、市場、主管與相關人員的影響是什麼？如何影響？行動方案中有哪些環節需要主管或相關人員的支持與協助？
- 效益：這個專案計畫預期的成果效益與風險？

如果時間有限，你可以簡短地說明整個企劃內容的三個關鍵：企劃目的、企劃關聯、預期效益。時間若足夠再依據主管需求，繼續說明內容規劃的細節。

情境②議題框架：
為了「價值主張、提出訴求」，或是強調「主張、實例」

在工作場景中的會議討論，時常需要提出看法或主張來說服對方，這時候你會怎麼說？如果在面對眾人的報告中，希望能做出一個有說服力的結論，你又會怎麼說？這時候使用議題框架可以使論點有明確的根據理由，也有實例佐證，強化說服力。其包含四個框架元素：

- 論點：提出一項主張或論點
- 理由：支持這項主張或論點的三個理由
- 實例：佐證這些理由的成功案例
- 重申：重申提出的主張或論點，並且喚起行動

案例❶準備公司內部的升職報告

在公司內部申請職務轉換，或是準備升職報告、升等報告時，都可以運用「議題框架」來說明自己完全可以勝任這個職務，讓公司主管認同。

- 論點：我可以勝任這個新職務。
- 理由：申請這個新職務所需要的相關經驗與能力。
- 實例：過往工作上的相關經驗與重要成功案例，作為加強理由的佐證。
- 重申：再重申一次，我可以勝任這個新職務。

為了避免讓對方覺得自己老王賣瓜，最好也能針對可能被質疑或詢問的地方準備好回應，甚至是主動說明，反而可以讓對方增加信任感。

案例❷日本 NHK 主播矢野香的「最強的一分鐘自我介紹」

- 論點：我非常珍惜與每一位顧客接觸的機會。
- 理由：為什麼我會這樣認為呢？因為唯有珍惜顧客，才能與顧客建立起信賴關係，才能永遠不失去重要的顧客。
- 實例：我拜訪顧客後，當天就會寫明信片並寄出。如果沒機會再見面，我就會思考有沒有好的建議可以提供給對方。有顧客告訴我，她非常期待收到我的明信片，所以會跟我見面，讓我非常開心。她已經連續十年與我簽約合作。
- 重申：因此，我非常重視與每一個顧客接觸的機會。

情境③問題框架：
為了「強調影響、問題解決」，或是強調「影響、課題」

知名的麥肯錫顧問公司有一個非常有用的問題分析工具，稱之為問題解決模型。

藉由釐清問題的狀況與影響，再轉化為課題與提出對策，來建構一個問題分析與解決的報告架構。而這個問題解決模型，就是我們接下來要介紹的「問題框架」，包含了四個框架元素：

■ 情境：說明問題的背景與現況

■ 衝擊：這個問題造成誰的影響？如何影響？

■ 課題：具體來說，要解決的課題有哪些？

■ 對策：對應課題的目標、解決方案與預期效益是什麼？

案例❶資安事件的問題處理匯報

資訊部門發現，近日公司的平台系統漏洞遭到駭客植入惡意病毒程式，造成訂單系統異常，資訊部門主管在第一時間做出現狀釐清與指派工程師緊急處理後，馬上向資安小組的負責人與高階主管報告此事。這時候，他可以利用「問題框架」組織報告的架構，讓相關人員清楚這起資安事件的現狀、影響與後續對策。

■ 情境：說明何時發現平台系統被植入惡意程式？目前已作哪些處理？

■ 衝擊：目前造成哪些影響？還有哪些可能的風險與影響？

■ 課題：為何會被攻擊？如何移除？如何避免再次被植入？

■ 對策：對應課題的目標、解決方案與預期效益是什麼？

要解決工作上所碰到的問題，往往會涉及跨部門之間的資源整合，因此我

通常會習慣在問題框架後再多加一個「支援（Support）」，將對策裡需要跨部門配合的事項與風險，特別提出來說明以取得高層與各部門主管的共識；這個步驟往往對於掌握度不高的環節，有著決定性作用，也能讓相關部門的投入價值被高層看到，降低配合上的阻力。

情境④課題框架：
為了「達標難度、成果價值」，或是強調「目標、成果」

工作場景中最被廣泛使用的莫過於「課題框架」了，舉凡專案啟動（Kick-off）、工作報告、進度報告與升等報告等，都很適合採用課題框架來組織報告的架構。其包含四個框架元素：

- 背景：任務的背景說明
- 任務：任務目標、你在任務中扮演的角色
- 行動：達成任務目標的關鍵行動（整合為三到四項）
- 成果：任務達標後的具體產出與效益（執行前為預期產出與效益）

案例❶專案計劃的成果報告

當你完成了一項專案計畫，準備向主管報告專案成果，希望主管能看到你的價值，這時可以採用「課題框架」組織報告的架構。

- 背景：說明這項專案的背景條件。
- 任務：說明在這項專案中的任務目標，以及你在專案中扮演的角色。
- 行動：簡要說明這項專案中的關鍵行動。
- 成果：完成這項專案後實際產出的成果與效益。

案例❷準備職務面試的履歷簡報

這個「課題框架」也是不少企業人資單位在招募面試時，相當有用的一個模型。

比如說，面試官可能會問應試者「能否簡要描述前一份工作的職務？」或是「能否簡要說明過去的工作經驗與專長？」這類的問題，如果面試者懂得利用課題框架來當作回答的內容架構，簡明扼要地表達，讓對方快速掌握重點，相信更能加深面試官的印象。

以我自己為例，可能會這樣回答：

■ 背景：我在半導體高科技領域有十多年的業務與行銷幕僚工作經驗，成為一位知識型自雇者已經有近三年的時間。

■ 任務：我專長的領域在商業思維、商務簡報、邏輯思考與數據分析等；目前希望透過分享讓更多職場工作者知道，如何運用簡報解決工作場景中的問題，同時展現個人專業價值。

■ 行動：主要提供企業培訓、演講與顧問服務，以及專欄文章、書籍寫作。

■ 成果：三年以來累計超過百場以上的企業培訓與演講經驗，包括微軟、松下、可口可樂等知名企業；2019 年推出音頻課程《給職場工作者的商業思維課》；2020 年出版簡報書籍《我用模組化簡報解決 99.9% 的工作難題》等。

03 | 拆模組：將簡報內容拆解為模組積木，依照需求組裝

面對時間壓力，我有一個輕鬆說出重點的技巧。

在我擔任幕僚的時候，常遇到臨時要準備一份簡報——但是只有不到二小時的時間可以準備，到了會議上又被要求在十分鐘內說明重點。這聽起來壓力很大，還好我可以運用黃金迴圈與邏輯框架大幅縮短準備簡報的時間，不過麻煩的是：連報告的時間也不確定。

「我有多少時間可以報告？這樣我很難準備耶！」

「大概半個小時左右吧！你也知道高層沒那麼多時間，反正就講重點嘛！」

這樣的對話，在日常工作中總是一再發生著。

大家都希望聽重點，但是重點是什麼？萬一被問到細節，答不出來肯定又要被質疑沒準備好。眼看著時間愈來愈少，壓力真的好大。如果按照傳統的簡報製作方式，先從釐清目的、溝通對象，然後構思架構與內容，再開始製作簡

報，這樣根本來不及在報告前完成簡報。

「好吧，就拿上次那份差不多的簡報來改吧。」

被時間逼急了，有些人會拿現有的簡報來改，這很常見，至少看起來有「完整簡報」該有的樣子；另一些人則是跳過了釐清目的、對象與構思的過程，直接開始製作簡報，反正先把現有的資料與素材全放進簡報中再說。

可想而知，這樣的簡報通常只會是個災難。簡報中塞進豐富的資料和各式各樣看起來專業的圖表，但是目的不明確、聽不到重點；我通常戲稱這只是「剪報」而不是簡報。

面對著時間壓力，多數人很難保持平常心去看待原本可以做好的事。你可能認為需要足夠的時間好好思考、規劃簡報的準備，如果時間不夠，就無法有好的產出。

但是我希望從今天起，你能改變這樣的想法。

在工作場景中，時常要面對一個事實：時間是個變動因素。而且變動的機會極高。

即使在事前已經確定了簡報可運用的時間，仍有可能因為一些突發狀況而改變簡報的場景或是可運用時間。比方說，時間被縮減為一半、簡報到一半被要求十分鐘內結束、老闆或客戶因為前一個會議心情不佳、沒耐心聽你說太多，要求只說重點就好。

這些突發狀況都有可能打壞我們原先的規劃，讓人措手不及。

投入大量心力所準備的簡報，卻因為報告時間臨時被縮減、或是被要求先說明後面的內容，結果打亂了原本規劃的步調，也沒能展現出該有的專業表現，真的是一件令人喪氣的事。

我們羨慕著那些懂得臨機應變、能言善道的同事，在任何場合都能從容不迫地表達，彷彿他們早有準備似的。其實，這真的可以事先準備，你只要用對方法。

多年來擔任幕僚的經驗，讓我找到了一套方法。

不論報告時間的長短，是一小時、半小時或是三分鐘，我都能做出完美的報告；有時在路上被主管叫住，我也能馬上簡要地說明重點，因為我早就準備好了一套模組化簡報策略。

時間不夠怎麼辦？模組化簡報策略，讓你從容面對各種報告場景

模組化簡報策略的第一步，就是「內容模組化」，將簡報的內容依照重要性切割為多個模組積木，再根據時間限制來選擇必要的模組積木，逐步組裝表達的內容。

具體的做法包含：三段式鋪陳、三段式拆解。（見圖 2-16）

① 三段式鋪陳：包含簡報開場、簡報內容與簡報結尾三個部分。

   ⇨ 開場：建立連結，讓簡報對象做好準備

   ⇨ 內容：訊息傳達，合乎邏輯、簡明扼要的報告

   ⇨ 結尾：聚焦總結，讓簡報對象明白內容重點、期望他們採取的行動

② 三階式拆解：將簡報內容拆解為「關鍵訊息、強化根據與佐證資訊」三個類別。

   ⇨ 關鍵訊息：內容要傳達的核心訊息

   ⇨ 強化根據：增加關鍵訊息的可信度與價值性

   ⇨ 佐證資訊：補充關鍵訊息與強化根據的輔助說明與資訊來源

我用模組化簡報解決 99.9% 的工作難題

圖 2-16 | 三段式鋪陳、三階式拆解，將簡報內容模組化

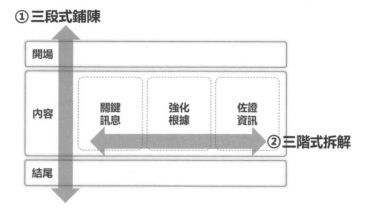

模組化簡報策略的第二步，就是根據時間的限制來選擇報告的模組積木。比方說，我在準備每週的工作報告時，會先將內容模組化為不同的模組積木；如果時間有限，只要說明關鍵訊息即可，例如「目前工作進度如期順利，本週規劃事項中有一個項目需要討論」讓主管掌握概況。（見圖 2-17）

圖 2-17 | 工作報告的內容模組化，與模組化簡報策略的設定

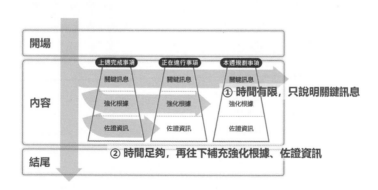

如果時間還足夠，我可以往下繼續說明「強化根據」與「佐證資訊」，或是針對主管的提問好好回覆。

如果你有時間壓力，我希望你可以專注在兩件事情上。

第一個是關鍵訊息。你的時間不多，所以必須將表達的重點放在「對方想要知道的訊息」以及「自己希望傳達的訊息」上，滿足對方的需求、引發對方進一步想瞭解的意願。

第二個是先解決對方的問題，再處理自己的問題。如果對方有明確想知道的內容，那就先告訴他；當對方得到答案之後，才會想要聽你想表達的內容。比方說進行工作報告，主管最想知道的會是：進度有沒有落後？需不需要他的協助？那麼，你就應該先回答這些問題。

或許你會感到奇怪，為什麼簡報要三段式鋪陳？開場與結尾有那麼重要嗎？又該如何做好開場與結尾？接下來，我將告訴你「三段式鋪陳」與「三階式拆解」的內容模組化要訣，以及如何結合「邏輯框架」發展出你的模組化簡報策略。

三段式鋪陳簡報，讓簡報更有說服力

為什麼有些人在進行簡報時，總是游刃有餘、很輕鬆地說服對方？而自己明明做足了功課、也準備了大量的資料，很賣力地對著台下觀眾報告，卻只得到一句：辛苦了。

其實，不是你的簡報做得不好，有可能是你把力氣用錯地方了。

在一項事物的體驗過程中，影響我們整體感受的其實只有「高峰（峰點）」與「結束（終點）」時的體驗；而過程中好與不好體驗的比例，對於記憶來說幾乎沒有影響，這就是心理學上的「峰終定律」。

這裡的峰點與終點，就是我們常說的「關鍵時刻」，決定了體驗對象最終的感受。

如果你在一段體驗中的關鍵時刻是感到愉悅的，那麼你對整個體驗的感受就是愉悅的，即使在過程中大多數的時間並沒有感到愉悅，甚至是痛苦的。

舉例來說，回想一下你曾經到過宜家家居（IKEA）購物或消費的經驗，你覺得整體的感受如何？

對我來說，記憶中的感受是愉悅的。但是回想一下整個過程，有沒有讓我感到不便的地方？當然有！停車位不好找、總是要按著固定路線走完整個賣場、找廁所要繞一大段路，還有自行搬運貨物，我對於這些不便之處感到印象深刻。

但是為什麼我會說「記憶中的感受是愉悅的」呢？

其實，如果觀察一下賣場整體的體驗路徑，你會發現從產品展示與體驗、餐廳的規劃到出口的十元冰淇淋，其實都是有用意的安排，透過「峰終定律」中峰點、終點的體驗安排，讓大多數消費者的整體感受是愉悅的。（見圖 2-18）

圖 2-18｜運用峰終定律創造消費者的良好體驗

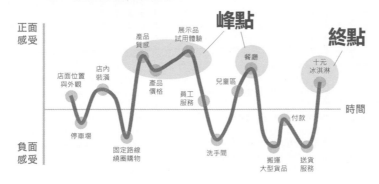

從體驗路徑來看，你會發現真正影響我們整體感受的，是峰點與終點的體驗。所以在出口處規劃了商品購買與免費試吃的服務，還有大人、小孩都愛的十元冰淇淋，讓多數人是帶著愉悅的心情離開賣場。

星巴克（Starbucks）的服務體驗，也同樣運用了峰終定律來提升消費者的整體感受。

儘管產品昂貴、不易找到座位，甚至有時還需要排隊等待，但是仍然有許多人一去再去。讓這些顧客感到美好體驗的，就是過程中友善且專業的店員、店內的咖啡香與氛圍，以及最後離開時店員的注視與微笑。這些「峰點」與「終點」的美好體驗，決定了這些忠實顧客的整體感受。

而在簡報的受眾體驗過程，同樣也受到峰終定律的影響。

讓簡報對象感到印象深刻的，其實只有簡報過程中的峰點與終點，也就是讓他們感到驚艷的時刻，以及結尾的時候。許多人以為整場簡報都應該賣力的演說，還要搭配吸睛的視覺化內容，才是成功簡報的條件。其實，這只會造成反效果，整個過程用盡全力就和沒出力是一樣的，因為沒有節奏只會讓人感到平淡。

懂得掌握節奏，就是簡報完美展現的致勝關鍵：

■ 在視覺上要有節奏，有時簡潔、有時吸睛，才不會使人感到視覺疲勞。

■ 在內容上要有節奏，有強調的重點、也有過場的輕鬆，才能讓人區分出訊息的層次，更聚焦在重點的注意力。

■ 在結構上要有節奏，有背景的鋪陳、全貌的掌握，也有建立與聽眾的關聯，不僅可以降低理解的門檻，也能提高認同的力道。

■ 在說話上也要有節奏，時而快、時而慢，有時在關鍵訊息前適時的停頓，讓人感受到接下來說出的話更有力道。

而「峰終定律」就是告訴我們，如何掌握與安排簡報中的節奏，懂得將力氣用在對的地方，不僅自己省力也能讓簡報對象有更好的體驗。

除了峰點與終點之外，簡報的「開場」也相當重要。

有效溝通、表達與簡報的關鍵，就在於你能多快與對方建立連結。建立起連結之後，對方才會覺得你所說的內容與他有關，也更有意願聽你說完、有足夠的誘因採取行動。

- 開場就與簡報對象建立連結，讓他們知道簡報內容「與他何關、對他何益」，就能讓他們更專注在簡報上。
- 簡報對象不一定會聽完整場簡報，也可能中途分心，未必會聽到你所安排的「峰點」與「終點」。所以在一開始就預告亮點，為「峰點」鋪梗、讓聽眾有期待感；相對地，若亮點不夠亮，就失去期待感了。

開場、內容的「峰點」與結尾的「終點」，可說是決定簡報成敗的三個關鍵點。（見圖 2-19）

圖 2-19 ｜ 運用峰終定律改善簡報受眾體驗、提升內容說服力

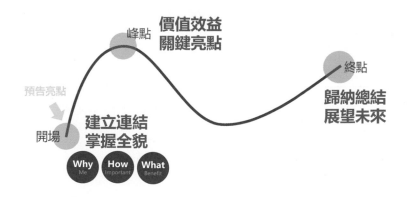

簡報的峰點可以不只一個，但是也不宜過多，必須要有一個「主峰」展現整份簡報的關鍵亮點或是價值效益，這也是最吸引簡報對象的關鍵重點。

所以，簡報的鋪陳可以分為三個階段：開場、內容與結尾（見圖 2-20）

圖 2-20 ｜ 三段式鋪陳簡報內容的重點

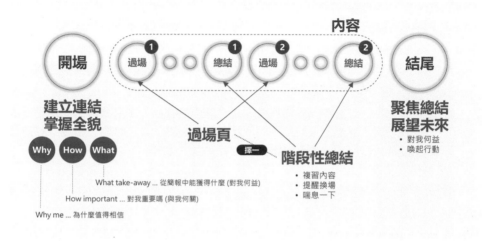

① 開場：運用「主題框架」與受眾建立連結，讓他們快速了解簡報目的、內容對他們的重要性，以及他們可以從中獲得什麼效益。

⇨ 目的：簡報目的是什麼？為什麼是我來簡報？

⇨ 關聯：簡報內容與簡報對象的關聯？對他們的重要性？

⇨ 效益：簡報對象可以從簡報內容中獲得什麼？

② 內容：安排一或多個峰點，說明對於簡報對象的價值效益與關鍵亮點。

⇨ 運用「邏輯框架」來組織合乎邏輯、簡明扼要的內容架構。

⇨ 如果內容包含多個主題，可以在每個主題開始前，設置一張「過場頁」提醒換場；或是在結束時，設置一張「總結頁」提供總結摘要。

⇨ 在簡報中設置「過場頁」與「總結頁」的主要的目的，在於讓你的簡報對象

　我用模組化簡報解決 99.9% 的工作難題

清楚目前進行到哪一個段落，即使在當下失去了注意力，也能在下一個段落開始前重新聚焦。

③ 結尾：歸納總結內容，好讓簡報對象更能掌握整份簡報的全貌與重點，同時便於他們向其他人轉述與分享，創造對方採取行動的誘因。

⇨ 如果希望對方採取行動，請將「價值效益」量化更能打動對方，比方說「提高 30% 的產出」會比「提高產出」這樣模糊的說法更能創造行動的誘因。

⇨ 最後，再簡單地說明後續的行動、經驗上的學習以及未來努力的方向。

三階式拆解內容，時間再短也能說重點

你可能遇到一種情況，明明準備好了簡報，但在上台前一刻被臨時告知時間被縮減為一半，甚至只給你十分鐘，請你說重點就好。

面對突然其來的狀況，相信很多人的腦袋可能一片空白，擔心來不及說完準備好的簡報，於是加快說話速度試圖能多說一些；有的人可能就會選擇邊講邊省略一些投影片。

不管你是用哪一種方式，都是風險極高的。

面對此情況，必須事先預作準備。應對的方式不太可能是因應不同的時間限制，製作多份簡報，這樣做既不符合效益，實際上也不會有充足的時間可以準備。

你該做的，是拆解簡報內容的資訊層次。在有限的時間內，對方在意的先說，重要的先說。

在每張投影片中包含三個元素：訊息式標題、關鍵訊息、輔助資訊。同樣地，由多張投影片所構成的一個段落，也可以區分為三個部分：關鍵訊息、強化根據、佐證資訊。（見圖 2-21）

- 關鍵訊息：內容要傳達的核心訊息
- 強化根據：增加關鍵訊息的可信度與價值性
- 佐證資訊：補充關鍵訊息與強化根據的輔助說明與資訊來源

在保持架構的完整性之下，先說重要的關鍵訊息；如果時間還夠，再說明強化訊息與根據。

圖 2-21 ｜三階式拆解內容為關鍵訊息、強化根據與佐證資訊

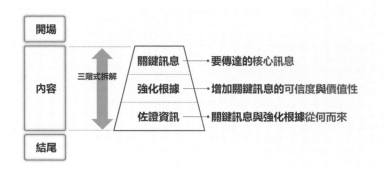

比如說，在一份企劃簡報中，我們打算將「企劃目標、市場趨勢、消費者洞察、競爭態勢與業績表現」這五張投影片進行內容的拆解（見圖 2-22）

- 關鍵訊息：關於企劃目標的設定
- 強化根據：從「市場趨勢、消費者洞察、競爭態勢與業績表現」中萃取目標設定的依據
- 佐證資訊：就是「市場趨勢、消費者洞察、競爭態勢與業績表現」這四張投影片了

圖 2-22 ｜將內容資訊進行三階式拆解

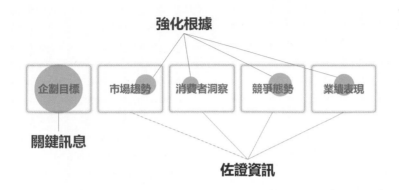

如果時間有限，我們可以從「企劃目標」這張投影片中的「**關鍵訊息**」開始說起；然後將「市場趨勢、消費者洞察、競爭態勢與業績表現」這四張投影片中支持目標設定的重要依據整合在一張新的投影片中，作為企劃目標合理性的「**強化根據**」。

如果還有時間，或是簡報對象對於某方面還抱持疑慮，比如說：過往的業績表現如何？真能達成這次的目標設定嗎？我們就可以將「業績表現」這張投影片拿出來作為「**佐證資訊**」說明。

邏輯框架 × 內容模組化：打造你的模組化簡報策略

藉由三段式鋪陳、三階式拆解，可以將簡報內容模組化。再結合邏輯框架的使用，就能打造出因應各種簡報場景的模組化簡報策略。（見圖 2-23）

圖 2-23 ｜ 結合邏輯框架與內容模組化，打造模組化簡報策略

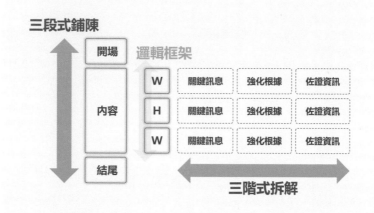

舉例來說，準備一項企劃提案的初期，可以採用「主題框架」來簡要說明企劃的目的、關聯與效益，再透過內容模組化就能產出簡報的雛型。（見圖2-24）

圖 2-24 ｜ 用「主題框架」打造企劃提案的模組化簡報策略

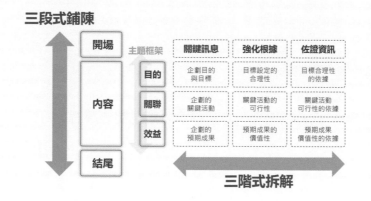

所以，關於企劃提案的模組化簡報策略如下：

① 報告時間有限，只需要說明「關鍵訊息」，包括企劃目的與目標、關鍵行動，以及預期成果。

② 如果時間允許，就依據對方希望進一步瞭解或質疑之處，補充說明「強化根據」，也就是目標的合理性、行動的可行性或成果的價值性來提升認同的力道。

③ 如果對方沒有特別想知道的，建議先選擇「預期成果的價值性」主動說明「強化根據」，因為這是高階管理者或決策層優先會考量的一件事：值不值得去做？

④ 如果對方對於目標、行動與成果中的某個項目感到有疑慮，希望你多加說明，你就可以再補充說明「佐證資訊」的內容。

⑤ 即使在時間相當充裕的條件下，你也應該按照「關鍵訊息」、「強化根據」與「佐證資訊」的層次順序來說明，視情況「追加」或「刪除」內容，這就是「模組化簡報」的概念：不管是身處各種簡報情境裡，都可以快速組裝出結構化的完整內容。

運用「模組內容規劃表」，任何時間的簡報內容都能完成

為了讓模組化簡報策略的發展更有效率，我設計出一個「模組內容規劃表」用來結合「邏輯框架」與「內容模組化」的過程。你可以透過這張表格將簡報的內容拆解為多個積木模組，掌握每一塊積木模組的內容、效用與時間長度。（見圖 2-25）

圖 2-25 ｜運用「模組內容規劃表」來拆解簡報內容

模組內容規劃表

簡報主題：＿＿＿＿＿＿＿＿＿＿

開場					
	框架	關鍵訊息	強化根據	佐證資訊	時間
內容					
結尾					

　　根據每一次的簡報目的、可用時間的限制，快速地選取對應的積木模組，透過邏輯框架進行組裝。即使時間臨時被縮減，也能快速因應調整，刪減某幾塊積木模組。日後有資料需要更新，同樣可以找出對應的積木模組來替換，或是新增一個積木模組。

　　模組化簡報策略的使用時機有三個：

① 製作簡報前的內容構思

② 完成簡報後的內容拆解

③ 準備報告時的內容組裝

　　比如說，在企業培訓課程的規劃上，由於時數較長，大多是一天的課程。在內容講解、實作演練、分組討論等環節的安排，需要時間上的彈性來因應現場的狀況來調整，我會利用模組內容規劃表來進行初步的構思與規劃。（見圖2-26）

- 開場（10 分鐘）：簡要說明課程內容，與學員建立連結。

- 內容（360 分鐘）：從學員在課程簡報製作上遇到的問題，以及可以優化的方向，可採用「問題框架」帶出本次課程設定的課題與解決對策，作為整份簡報的關鍵訊息。接著，再以案例解析為強化根據，透過學員討論、實作演練與回饋來掌握問題解決的技巧當成佐證資訊。

- 結尾（30 分鐘）：總結與回饋課程內容與重點、學員提問與回饋。

圖 2-26 ｜運用模組內容規劃表來構思培訓課程的設計

模組內容規劃表

簡報主題：課程簡報設計邏輯與技巧

開場	1. 讓學員掌握全貌，與學員建立連結 2. Why me、How Important、What benefit/take-away			10 min
	框架	關鍵訊息	強化根據	佐證資訊	時間
內容	情境 (S)	1. 簡報不該是困擾你的阻力，簡報應該是協助你的助力		1. 思考三問題，五分鐘寫下 答案：問題、優勢、課題	30 min
	衝擊 (C)	1. 面向聽眾可以做哪些優化？ 2. 影響課程簡報成效的五大障礙與優化對策	1. 我從「頭家壓箱保」這份簡報中看到了哪些優化方向？		70 min
	課題 (Q)	1. 鋪陳合乎邏輯、有效溝通的簡報架構和內容 2. 優化視覺呈現讓訊息傳達更好理解和認同	1. 我是如何產出與優化一份課程簡報？		10 min
	對策 (A)	1. 黃金迴圈、情境框架、時間規劃表 2. 視覺化溝通演算法、提升質感的平民化技巧、簡報健檢與微整型	1. 案例解析、工具應用 2. 案例解析、工具應用	1. 黃金迴圈釐清簡報方向 2. 情境框架組織簡報架構	250 min
結尾	1. 總結與回顧課程內容與重點 2. 學員提問與回饋 3. 說明回訓驗收機制與準備事項			30 min

快速拆解簡報這樣做

模組內容規劃表，也可以用來檢視一份簡報，將內容拆解模組化來完成一份簡短的報告。

比如說一份專案成果報告，原本準備了九十分鐘的報告內容，透過三段式鋪陳、三階式拆解模組化之後，整理為下面的模組內容規劃表，並設定為十五分鐘內可以完成的報告。（見圖 2-27）

- 開場（3 分鐘）：簡要說明客戶與專案背景，以及目標設定、關鍵行動與成果效益。

- 內容（10 分鐘）：採用「課題框架」說明背景、任務、行動與成果，各自設定二到三分鐘可以說明的「關鍵訊息」，視需求補充「強化根據」與「佐證資訊」等內容。

- 結尾（2 分鐘）：再次簡要說明關鍵行動與成果效益，同時說明未來展望，為下一次的合作留下伏筆。

圖 2-27 ｜運用模組內容規劃表來拆解簡報內容

模組內容規劃表

簡報主題：專案成果報告：XX有限公司

開場	客戶主要營運為經營某產品專業代理經銷及直營連鎖門市，由於遊戲產業的特性，他們面臨二個問題：需要準備充足備貨資金，但又無法準確預估需要多少。因此，這次設定的目標就是提升營運資金活化能力，透過三個關鍵策略的實施，成果均達到目標值，其中營業利益能力更是達標149%。			3
	框架	**關鍵訊息**	**強化根據**	**佐證資訊**	**時間**

內容	框架	關鍵訊息	強化根據	佐證資訊	時間
	背景 (S)	1. 商品成本高毛利低，存貨無法快速變現，因此需要準備充足資金備貨 2. 新品播購周期較長，無法準確預估備貨資金，來達成品牌商的銷售門檻	1. 經銷同業競爭激烈 2. 高成本毛利 3. 促銷削價競爭 4. 新片預購期平均半年	客戶主要營運為經營某產品專業代理經銷及直營連鎖門市；到某產品產業特性影響，	3
	任務 (T)	提升營運資金活化能力	提供系統整合解決方案，協助客戶從POS導入，將通路銷售到庫存銷貨管理串聯到財務內稽內控流程。	解決問題： 1. 無法有效掌握門市現金流 2. 各通路無法有效精準行銷 3. 庫存成本高，產品毛利低	2
	行動 (A)	1. 提升門市現金流量 2. 提升通路銷售能力 3. 提升營業利益能力	1. 門市預收流程重置 2. 定期召開通路會議、各通路促銷流程優化、通路調貨流程優化 3. 通路預購流程優化、通路銷售流程優化		3
	成果 (R)	1. 門市現金流量增加1,000萬，預購品料建置率100%、門市預收重置率100% 2. 通路銷售能力提升到4.8億 (104%達成率)；提升通路銷售率 (58%→67%)；降低備品庫存率 (15%→7.7%)；降低庫存缺貨率 (23%→16%) 3. 營業利益能力提升至2,052萬 (149%達成率)；採購以量制價 (+232萬)；銷售以量制價 (390萬→1,400萬)；備品成本還債能力 (300萬→420萬)		2

結尾	為了提升客戶營運資金活化能力，這次透過三個關鍵策略的實施，成果均達到目標值，其中營業利益能力更是達標149%。除了提升資僅掌控能力，未來期許進一步開拓新通路(百貨專櫃)、以及完成供應鏈一體化(品牌精準行銷)的藍圖。			2

CHAPTER
03

在場景應用：打造模組化簡報，解決工作場景中的報告問題

在面對日常工作的各種報告，像是工作進度報告、專案成果報告、企劃提案簡報或是資料整理報告等等，都可以透過三個步驟：定方向、找框架、拆模組，打造出模組化簡報，讓你的每一次報告都能事半功倍、無往不利。

本章教你：

⊕ 用模組化簡報做出一份有高度、受肯定的報告

⊕ 場景①做計畫、追進度、展成果，工作報告怎麼準備？

⊕ 場景②職涯躍升，展現價值的升等報告、履歷簡報怎麼準備？

⊕ 場景③資源攻防戰，企業的策略規劃與企劃提案怎麼做？

⊕ 場景④讓老闆、客戶都買的銷售簡報怎麼做？

⊕ 場景⑤市場資訊、新聞報導如何整合為一份報告？

01 | 用模組化簡報做出一份
有高度、受肯定的報告

報告總是被打槍？那是因為你不懂得模組化簡報的思維。

當你學會模組化簡報，就掌握了「做對的事、把事做對」的技巧，做出一份有高度、又能被對方肯定的報告。更重要的是，即使在時間壓力下也能從容不迫地完美表現。

打造模組化簡報的三個階段包括：定方向、找框架、拆模組，在第二章你可以找到詳細的介紹與工具的使用。（見圖 3-1）

圖 3-1 │打造模組化簡報的三個階段

其中最為關鍵的,就是「找框架」這個階段,決定了簡報的結構樣貌。

在本書中提出的「邏輯框架」包括三大類型、九種框架,每一種框架都有其對應的使用場景與強調焦點。(見圖 3-2)

圖 3-2 │三大類型、九種邏輯框架對應的場景與凸顯焦點

類型	框架	框架元素	場景(使用時機)	突顯焦點
時間	Period 期間	過去 現在 未來	趨勢變化、分段說明	—
	Phase 階段	短期 中期 長期	策略規劃、時程佈局	—
	Step 步驟	步驟一 步驟二 步驟三	流程計劃、步驟說明	—
空間	Scale 規模	大 ⟶ 小	產業研究、市場分析	—
	Far 距離	遠 ⟶ 近	地域比較	—
情境	WHW 主題	目的 關聯 效益	掌握全貌、建立關聯	關聯、效益
	PREP 議題	論點 理由 實例 重申	價值主張、提出訴求	論點、實例
	SCQA 問題	情境 衝擊 課題 對策	強調影響、問題解決	影響、課題
	STAR 課題	背景 任務 活動 成果	達標難度、成果價值	目標、成果

在使用「邏輯框架」上我有四點建議，讓你輕鬆做出打動人心的報告：

① 根據報告的「場景」與「強調焦點」來選擇

② 將報告做出主管要的高度

③ 根據需要可以將多個邏輯框架進行組合

④ 即使不做簡報，也要懂得作簡報

建議①：根據報告的「場景」與「強調焦點」來選擇邏輯框架 ......

我在超過百場的企業培訓中，最常被問到的問題就是：

> **「我到底該使用哪一種邏輯框架？怎麼知道我有沒有用錯邏輯框架？」**

其實，當我們面對一個報告場景時，任何一種邏輯框架都可以套用。但是你會發現，有的邏輯框架用起來不是缺了很多內容寫不出來、就是沒說服力。

舉例來說，在企劃案在構思擘劃的初期，只有粗略想法與方向，這時報告強調的重點著重在企劃案對簡報對象的關聯與效益上：

■ 採用時間類型、空間類型的邏輯框架顯然不適合，因為缺乏對應的框架元素。

■ 採用情境類型的邏輯框架似乎比較有機會，但除了「主題框架」之外，其餘的「議題框架」、「問題框架」與「課題框架」各自都有缺乏對應的框架元素。

因此，在構思擘劃階段以「主題框架」作為報告架構，說明企劃提案的目的、關聯與效益，會是較合適的選擇。隨著企劃案進展到提案企劃的階段，這時應該已經有完整具體的企劃內容，可以根據當下的場景或是強調焦點，選擇適當的邏輯框架當作報告架構。（見圖 3-3）

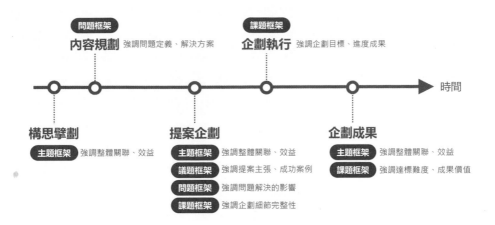

圖 3-3 ｜不同階段，企劃案可以套用的邏輯框架

舉例來說，在提案企劃的階段可以這樣做：

■ 對公司高層報告：著重在企劃的價值利益，可用「主題框架」當報告架構，強調這個企劃案的影響關連與效益。

■ 對提案客戶報告：著重在提案優勢與效益，可用「議題框架」來當報告架構，強調提案主張的獨特處，以及強調自身優勢，並提出過往的成功企劃案例，提升說服力。

■ 對專案團隊報告：著重在如何執行，可用「課題框架」來當報告架構，說明企劃案的任務目標、關鍵行動與預期成果效益。

再舉一例，如果這個企劃案是為了解決一個問題，那麼整體企劃案著重在問題定義與解決對策，因此可用「問題框架」來舖陳報告架構，完善說明問題影響、課題設定與對策所帶來的效益。

建議②：將報告做出主管要的高度

報告對象的職位高低，會影響對於內容所關注的重點：

- 面對高階管理者報告時，內容會著重在價值效益，讓對方知道這是「做對的事」以及「值得去做」，在細節上揭露的比例會相對較低。

- 面對基層工作者報告時，內容則應該偏重執行面，讓對方知道如何「把事做對」，會講述較多的細節。

你可以根據報告對象的職位、報告內容的精細度，以及希望強調的焦點，來選擇對應的邏輯框架來完成報告的架構。（見圖 3-4）

圖 3-4 ｜不同的報告對象與內容方向所對應的邏輯框架

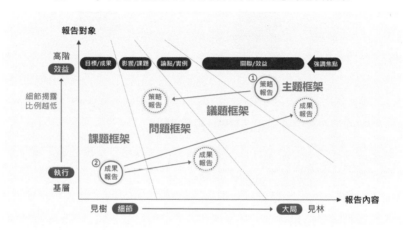

舉例來說，在準備策略報告時，報告對象大多是高階管理者，報告內容偏向整體大局、價值效益，我會建議採用「主題框架」來當報告架構，說明策略的目的、關聯以及效益。

但是，如果這份策略報告是為了解決一個問題，像是「如何改善中美貿易戰所造成的業績下滑？」這類的大哉問，我會建議採用「問題框架」輔助做報告，把報告需強調的焦點放在問題定義與造成的影響，以及具體的課題與對策是什麼，結尾再帶出預期的成果效益，會更有說服力。

在準備成果報告時，有可能會面對不同層級的聽眾，在面對基層工作者時，

可以採用「課題框架」作為報告架構，說明任務目標、關鍵行動以及產出哪些成果效益，強調達標的難度與同仁們的貢獻價值；或是採用「問題框架」來組織報告架構，強調這次的成果解決了什麼問題，成果效益相較於原先的問題影響來說，又有多大的價值？

當然，如果你是位部門主管，要向高階主管報告整個部門的工作成果，一個不小心可能就會變成流水帳，這時我會建議套用「主題框架」，強調整個部門的工作成果與公司營運上的關聯與效益，展現出部門主管該有的高度。

建議③：根據需要可以將多個邏輯框架進行組合

根據場景與強調重點來選擇邏輯框架，就足以解決多數常見的報告問題。

不過，邏輯框架的用途不僅於此。多個邏輯框架還能夠組合應用，在碰到大型會議或年度報告時，是相當好用的技巧。

有兩種實用的邏輯框架組合，你一定要知道。（見圖 3-5）

圖 3-5 ｜邏輯框架的組合應用

舉例來說「提出一項主張，希望說服大家能認同」，這是屬於「價值主張、提出訴求」的場景，可以採用「議題框架」來組織報告的架構，框架元素包括論點、理由、實例、重申論點四個部分；其中，如果希望多說明實例，則可運用「課題框架」完善實例說明的架構。

以上是常見的第一種組合應用：「議題框架」與「課題框架」。

再舉一例：「對一個問題，提出建議與解決之道」，這是屬於「強調影響、問題解決」的場景，可以採用「問題框架」為報告的架構，框架元素包括情境、衝擊、課題、對策四個部分；其中，對策的部分可能占整份報告相當大的比例，為了讓對策的架構邏輯更有說服力，可套用「課題框架」。

以上是常見的第二種組合應用：「問題框架」與「課題框架」。

你可以思考，還有哪些框架組合可以應用在日常工作的報告上，在接下來的場景報告案例中，我也會說明還有哪些框架組合可以使用。

建議④：即使不做簡報，也要懂得作簡報

亞馬遜的創辦人兼執行長貝佐斯，曾在 2008 年的年度信中，重申他的規定：在高層會議中禁止使用簡報。

乍聽之下，你可能會覺得，不用簡報怎麼做報告？當然可以。

會製作簡報，只是因為這是當下解決問題最有效率的方式，如果有其他更有效率的方式，那就不需要製作簡報，比方說口頭報告、白板簡報或是一頁報告，往往更能有效溝通與解決問題。

> 「即使不做簡報（Presentation），也要懂得作簡報（Present）。」

是我在企業培訓中一再提及的簡報思維，我們或許不見得需要經常製作簡報，但是在日常工作中都需要與人溝通、交流與討論，這些都需要運用到有效溝通、精準表達的技巧，也是簡報能力。

這與貝佐斯所提及的觀點其實是一致的：比起做簡報，使用正確的敘事架構（narrative structure）來說明更有效率。而「邏輯框架」正是敘事架構的一種，相較於條列式來說，具有結構性、邏輯性與故事性的優點，讓人容易理解與記憶，更能提高認同的力道。

善用這四點建議，搭配模組化簡報的技巧，職場上 99.9％的報告問題都能解決！

接下來，我會用五個真實工作場景的案例，讓你更清楚模組化簡報的威力。

02 | 場景①：做計畫、追進度、展成果，工作報告怎麼準備？

不少人在剛進入職場時，都會被要求寫工作報告。

主要是為了讓主管能夠掌握工作狀況，適時地給予指導以及確認工作能順利完成。但多數人不知道的是，工作報告也是讓主管看見工作價值與亮點、展現出個人專業價值的一次機會。

比如說，每週的工作報告、專案會議的進度報告、年底的績效報告與來年的工作計畫，除了解決工作上的問題，也影響著主管如何看待你的工作品質。

你可能會想「工作報告，不就是把做了哪些事全都記錄下來就好了嗎？」

的確，有許多人只是把「做了什麼」如實地記錄下來，謹慎一點的還會把「如何做到」也一五一十地交代清楚。不過，只做到這樣還不夠。

做好每一次工作報告，就是職涯躍升的關鍵

> 「光說不做假把戲，光做不說真沒戲。」

有位職場上的前輩跟我說過這段話。意思是說，執行力在職場上至關重要，能夠自發地將工作完成、不用別人督促的員工，是每一位主管夢寐以求的。除此之外，主管還是希望員工也能做好工作報告。

沒有一位主管喜歡處於「狀況外」的感覺，更不想受到「驚嚇」。

時間到了，成果出不來或品質很糟，主管就得肩負責任甚至是善後。如果能在工作報告中，讓主管知道一切進展順利，便能讓上司安心；即使工作不如預期或有突發狀況，主管也能及時給予協助或應變調整。這是一種向上管理，主管與員工彼此的信任感就是這樣一點一滴累積起來的。

工作報告的另一個重點，是懂得讓主管看見你的努力與價值，而不只是時間的付出而已。

可能你克服了很大的困難、化解了突發的危機，才達成工作目標，但是你若沒有說出這些價值，只會讓主管覺得完成工作是「理所當然」的，而因此低估了你的表現、也低估了工作難度。

如果你有留意過在職場上那些表現亮眼、升遷特別快的同事，他們的工作報告是怎麼寫的話，你可能會發現這些人的報告，內容寫得並不多，但邏輯清晰、簡明扼要。

更重要的是：讓主管可以展開下一步行動。

「讓主管可以容易地做決定，而不是困難地做判斷，更不要讓主管自己找答案」，不論是對高層的策略規劃，還是對客戶的企畫提案，這都是成功買單的關鍵，工作報告也是如此。

職涯躍升的關鍵往往不是完成某個大型專案，而是做好這些日常工作報告所累積的「信賴」。

先來看看一個案例，或許你就會明白我的意思。

我的工作報告出了什麼問題？

凱文是一位行銷企劃，進入公司也有五年多的時間了。他的工作表現一向很好，交辦的任務也都能順利完成，但是始終沒能得到升遷的機會。

主管對他的評價是：「工作能力極佳，溝通與報告能力有待加強。」

凱文心想「我都有將工作順利完成啊，表現也都很好，這些主管不是都知道嗎？為什麼說我的溝通與報告能力需要加強？」他的報告到底出了什麼問題？我們一起來看看。

當凱文在向主管進行工作報告時，是這樣的場景：

首先，凱文說明了這次報告的主題是什麼，然後說明工作報告的內容，完成了哪些事項、產出了哪些成果，最後不忘強調一句「我這次的表現很好」，希望得到主管的認可與讚賞。（見圖 3-6）

圖 3-6 ｜凱文這樣向主管工作報告

凱文向主管報告時...

員工的報告

這次我要報告的是……

我完成了……

我成果很好

報告完畢，以上

請指教

主管的內心話

請你試想一下這樣的報告方式，會得到什麼樣的結果？而主管這時候心裡又是怎麼想的？其實主管在看待工作報告時，在意的重點有五項：（見圖 3-7）

重點①：讓我先瞭解工作報告的全貌與重點

對於聽取報告的人來說，未必清楚瞭解工作報告的背景，即使他是凱文的主管，也不應該「理所當然」地認為對方都清楚。

所以，正確的做法是：凱文應該先簡單說明工作報告的背景，以及報告的目的是什麼，是希望得到主管的認同，工作上的建議，還是資源上的支持？接著，才是工作報告的內容大致包含哪些環節。

當主管掌握全貌之後，心裡就會清楚這次報告的目的，以及需要做判斷與決定的項目是什麼，在接下來的報告過程中，也就更能聚焦在需要蒐集什麼資訊？在資訊不足的時候，也能提出正確的問題來獲取需要的資訊。

少了這一步，即使凱文的工作報告邏輯再清晰、內容再完整，主管在沒有預期的情況下，接收程度也會大打折扣，可能直到報告的中段才搞清楚凱文到底在說什麼。

重點② ：讓我知道工作成果的比較基準是什麼？

衡量工作成果的基準，是一開始設定的工作目標。誤以為主管都清楚員工的工作目標，也是許多職場工作者都會犯的通病，包括我自己。

在剛進入職場的前幾年，我認為主管對於所有事情應該跟我有相同的認知，總是理所當然地認為許多事情不用說也該知道；直到後來主管點醒了我，才改正過來。

我們在做判斷的時候，都需要一個基準點。

機器運作的表現好與壞，可能跟目標值或是平時表現相比較；這個月的花費多或少，可能與上個月或過去幾個月的平均水準比較；而工作完成事項，則是與當初設定的工作目標相比，才能判斷好與壞，好又是好多少？壞又是壞多少？

清楚了現況與目標之間的落差有多大，主管才能做出判斷，進而採取下一步行動。凱文在跟主管報告工作成果時，必須說明設定的工作目標，當成評斷工作成效的基準點。

當工作成果與設定目標有顯著的落差時，應該主動說明原因是什麼，以化解主管可能的疑慮，或是進一步尋求主管的諒解與建議。當工作成果明顯優於設定目標時，也別高興得太早。這可能反映出凱文的計畫能力有問題，當初設定的目標並不合理。

所以即使工作成果表現優異，也要懂得說明優於目標的原因，例如：市場反應超乎預期。那麼，根據又是什麼？

　我用模組化簡報解決 99.9% 的工作難題

重點③：工作表現的價值請量化為數據讓我看到

除了提出基準點之外，判斷優劣的另一個條件就是「可量化」的數據。

在展現工作成果時，應該避免使用「很好、很棒、相當不錯」之類的形容詞來描述自己的價值。運用「省下了 10％時間完成工作目標」或「比預期目標多出了 20％的銷售額」這樣明確的價值陳述，都會比「很好」更能清楚地感受到工作表現的價值。

這一點，也是許多職場工作者常忽略的。

重點④：除了價值性，更要懂得表現出差異性

如何展現出工作價值，是每個職場工作者必修的課題之一。

單就工作成果來看，也許你和其他員工的表現沒有太大差異。但是在工作過程中，你可能在突發狀況之下仍然達到目標、可能運用了創新的方法，或是整個過程可以當作其他員工參考的範例。

如果你懂得表現這些「差異性」的價值，就會改變主管看待你的方式。

重點⑤：最後，別忘了總結摘要！

有別於工作報告在一開始要讓主管掌握全貌，在報告結束後的總結摘要，是為了聚焦工作亮點與經驗學習的分享。

但對於主管來說，可能需要摘出凱文工作報告中的重點，向上報告，或是當成績效考核的參考依據。如果凱文做好了總結摘要，無疑是替主管省下了整理的功夫，也提醒主管自身工作價值的亮點；當然，主管不見得會照單全收，但是貼心的舉動，肯定會讓主管對凱文留下好印象的。

圖 3-7｜掌握五項重點讓工作報告更順利

凱文向主管報告時⋯

員工的報告

這次我要報告的是⋯⋯　你想說什麼？　（全貌）

我完成了⋯⋯　怎麼判斷好？不好？　（目標）

我成果很好　有多好？　（價值）

報告完畢，以上　跟上一位有什麼不同？　（差異）

請指教　怎麼判斷？　（總結）

主管的內心話

每到年底都會有許多大型企業，找我去幫員工進行如何撰寫工作報告的培訓課程，其中不乏有外商企業。這些主管們共通的困擾就是：

① 流水帳的內容，看不到全貌與重點

② 缺乏衡量工作成果的基準，不知道如何判斷好壞

③ 每個人都寫得差不多，看不出差異性

④ 得額外花費大量心力整理與檢視所有工作報告

往往結果就是，當主管無法從你的工作報告中獲得有用的客觀資訊，往往就只能憑主觀印象來判斷你的工作表現了。我從這些主管們的回饋與多年來累積的經驗，整合出以上五項工作報告的重點，相信能對你有很大的幫助。

做好三種工作報告，讓你在職場上無往不利

對主管來說，工作報告是為了快速掌握全貌，以及獲得容易做判斷的有用資訊。如果用時間軸來劃分工作任務的三個階段，可以分為「準備階段」、「進

行階段」與「完成階段」：

① 準備階段：做計畫 ─ 重點在於確保計畫的合理性、可行性。

② 進行階段：追進度 ─ 重點在於掌握進度，及時做出應變與調整。

③ 完成階段：展成果 ─ 重點在於展現成果價值，以及經驗學習與傳承。

工作報告一：準備階段的工作計畫，就這樣做

在工作任務的初期，最重要的是如何訂出合理的目標，然後根據這個目標展開後續的行動計畫，評估預期的成果效益。工作報告的重點，應該放在讓主管能掌握全貌，容易判斷工作計畫的合理性與可行性。

因為是「掌握全貌」的場景，所以適用「主題框架」替報告內容指出方向，說明工作計畫的目的、關連與效益：

① 目的：工作計畫的目的方向。

② 關聯：工作計畫的具體施策，對於報告對象的影響關聯。

③ 效益：工作計畫的預期效益以及產出成果。

為了提升報告的說服力，我們可以利用三段式鋪陳報告的結構：開場、內容、結尾。（見圖 3-8）

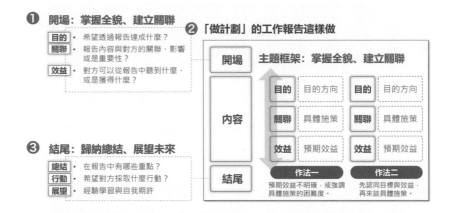

圖 3-8｜準備階段的工作計畫，報告架構這樣做

❶ 開場：掌握全貌、建立關聯

目的	• 希望透過報告達成什麼？
關聯	• 報告內容與對方的關聯、影響或是重要性？
效益	• 對方可以從報告中聽到什麼、或是獲得什麼？

❷「做計劃」的工作報告這樣做

主題框架：掌握全貌、建立關聯

開場					
內容	目的	目的方向	目的	目的方向
	關聯	具體施策	關聯	具體施策
	效益	預期效益	效益	預期效益
結尾	**作法一** 預期效益不明確，或強調具體施策的困難度。		**作法二** 先認同目標與效益，再來談具體施策。	

❸ 結尾：歸納總結、展望未來

總結	• 在報告中有哪些重點？
行動	• 希望對方採取什麼行動？
展望	• 經驗學習與自我期許

❶ 開場：運用「主題框架」與受眾建立連結，讓他們快速了解簡報目的、內容對他們的重要性，以及他們可以從中獲得什麼效益。

⇨ 目的：希望透過報告達成什麼？是認同、協助或是提出建議等等。

⇨ 關聯：報告內容與對方的關聯是什麼，對他們的重要性又在哪。

⇨ 效益：對方可以從報告內容中聽到什麼，或是獲得什麼。

❷ 內容：運用「主題框架」做為架構，讓對方掌握計劃全貌，有兩種建議做法。

⇨ 對於預期效益不是很確定，或是想強調具體施策上的困難性，希望取得協助，則採用作法一：先說明目的方向、具體施策，最後是預期效益。

⇨ 在面對高階主管時，會先確認目標合理性與效益價值性，然後才會想聽具體施策；因此採用作法二：先說明目的方向、預期效益，得到認同後再陳述具體施策。

❸ 結尾：總結摘要報告中有哪些重點（歸納為三到四項），希望對方採取什麼行動（認同、支持、協助或建議），從過程中學習到哪些經驗，最後以自我期許做為結束。

工作報告二：進行階段的進度報告，這樣做

在工作任務進行中的階段，可能會有定期的進度報告。最理想的情況，就是工作如期進展，一切都在掌握中。但現實狀況往往充滿不確定，總是有不可預期的因素造成進度落後或是工作卡關。

所以，進度報告的重點就在於如何讓主管及時掌握狀況：知道進度是否落後？進展到什麼階段？是否需要追加資源或修改計畫？接下來將要進行的階段？

在這裡，我們會運用源自美國特種作戰司令部的報告架構 BRIEF（包含 Background、Relevance、Information、Ending、Following-up 五個部分，取其字首縮寫），通常用在概述進度報告、會議摘要或是總結重要資訊；在這裡我們用它來作為進度報告的架構，就稱之為「進度框架」吧。之所以沒有列入前面所提到的邏輯框架裡，是因為它在使用上的彈性相當大，我希望將其獨立出來，在這個篇章好好說明。

我們可以利用「進度框架」好讓主管掌握工作進度、時程的變更與資源爭取的合理性，框架元素包含：

■ 背景：報告背景說明

⇨ 如果是第一次的進度報告，簡要說明工作項目的背景緣由

⇨ 如果不是初次的進度報告，簡要交代上次進度報告的結論與重點

■ 關聯：這次進度報告希望達成的目標，與報告對象的關聯？

⇨ 讓主管知道工作如期進展，覺得安心

⇨ 讓主管諒解進展不如預期，希望主管能變更計畫或追加資源

■ 資訊：希望分享的三個關鍵資訊，在這裡就是

⇨ 完成的工作進度到哪裡？

⇨ 工作進度是否有落後？

⇨ 完成工作目標還需要什麼？

- 總結：用一句話當成進度報告結尾，例如，「我會在明天前給您一份更新後的報告與計畫表」。

- 後續：接下來會進行的階段？可能會遇到哪些問題？需要什麼協助？

同樣地，我們可用三段式鋪陳進度報告的結構：開場、內容、結尾。（見圖 3-9）

圖 3-9｜進行階段的進度報告，報告架構這樣做

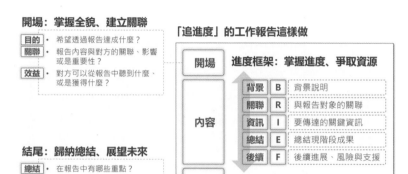

進度報告的開場與結尾的重點，與工作計畫的做法一致。

舉例來說，我曾經到過一家從事資訊技術服務的企業進行培訓，希望能改善專案進度報告的寫作邏輯與溝通效率。我就是利用「進度框架」協助他們將進度報告重新組織架構。（見圖 3-10）

我用模組化簡報解決 99.9% 的工作難題

圖 3-10 ｜運用「進度框架」重新組織進度報告的架構

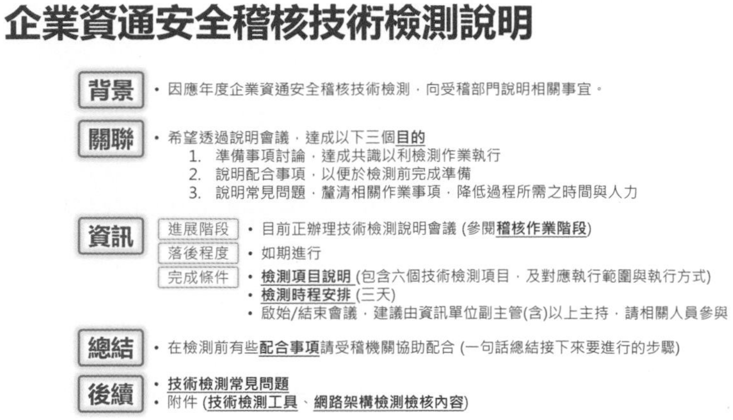

企業資通安全稽核技術檢測說明

背景 • 因應年度企業資通安全稽核技術檢測，向受稽部門說明相關事宜。

關聯 • 希望透過說明會議，達成以下三個**目的**
  1. 準備事項討論，達成共識以利檢測作業執行
  2. 說明配合事項，以便於檢測前完成準備
  3. 說明常見問題，釐清相關作業事項，降低過程所需之時間與人力

資訊
  進展階段 • 目前正辦理技術檢測說明會議 (參閱**稽核作業階段**)
  落後程度 • 如期進行
  完成條件 • **檢測項目說明** (包含六個技術檢測項目，及對應執行範圍與執行方式)
  • **檢測時程安排** (三天)
  • 啟始/結束會議，建議由資訊單位副主管(含)以上主持，請相關人員參與

總結 • 在檢測前有些**配合事項**請受稽機關協助配合 (一句話總結接下來要進行的步驟)

後續 • **技術檢測常見問題**
  • 附件 (**技術檢測工具**、**網路架構檢測檢核內容**)

透過「進度框架」的五個框架元素，我很快地將原本一百多頁的簡報，重新組織出清晰的架構，就像你所看到的一樣。現在，也許你應該拿起手邊的紙筆，思考一下如何改造下週的進度報告，讓所有人看到你的全新表現吧。

關於進度報告，我常被問到一個問題：「如果進展一切順利，進度報告是不是簡單交代一下就好了？」

我的建議是：別錯過任何一次展現自己的報告機會。即使工作的進展順利，你可能也希望主管能給予一些回應，或是提出一些問題，這樣才會知道報告做得好不好？內容是否夠清楚？

要做出讓主管安心又滿意的進度報告，請把握兩項原則：

① 進度合乎預期，可以強調過程中的經驗學習，以及後續階段的準備。

② 進度不如預期，別急忙著找理由。你應該說明解決對策，以及已經做了哪些應變處理；你丟給主管的不該是問題，而是問題的答案與決定權。

此外，不妨思考一下進度報告結束後，主管可能會問哪些問題？做好準備，以備不時之需。即使對方沒有提問，你也可以主動提出說明，肯定可以讓主管留下好的印象。

工作報告三：完成階段的成果報告，這樣做

成果報告是一門藝術。有的人報告完讓主管加深了對他的信任，有的人報告完卻讓主管一頭霧水，不知道重點是什麼。

一個好的成果報告，應該是部屬的努力得到肯定，主管的問題得到回應。

報告不能只是完成哪些事項的流水帳，而是應該將產出「成果」轉換為「價值」，說明目標的達成率，過程中克服了什麼困難，創造了哪些效益。（見圖 3-11）

圖 3-11 ｜將工作成果轉化為價值效益

成果 ┈┈▶ 價值

我做了⋯⋯
結果是⋯⋯

這與⋯⋯有關
克服⋯⋯困難
完成⋯⋯目標
創造⋯⋯效益

當我們能夠說出愈多具體的內容，就愈能讓主管清楚成果報告的價值。

成果報告的重點，就在於如何提升主管心中對於成果的價值性，以及有哪些經驗傳承值得分享與借鏡。我們可以使用「課題框架」作為報告的架構：

- 背景：工作任務的背景

- 任務：工作任務的目標，或個人的任務角色

- 對策：工作任務中的關鍵活動有哪些？歸納為三到四項

- 成果：工作任務的具體產出與成果效益與經驗傳承

然後，以三段式鋪陳報告的結構：開場、內容、結尾。（見圖 3-12）

圖 3-12 │ 完成階段的成果報告，報告架構就這樣做

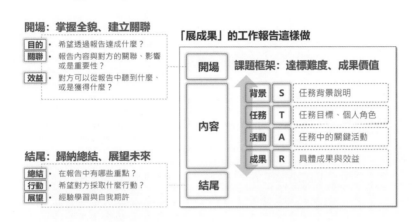

成果報告的開場與結尾的重點，與工作計畫、進度報告的做法一致。報告的目的是為了讓對方先掌握全貌，能充分理解報告的內容並認同以及加深印象。

舉例來說，一個專案完成之後的成果報告應該如何寫，才能讓主管或客戶感到滿意，而有「啊，這個專案交給你真好！」的感受呢？

只要運用「課題框架」當成報告架構，就能達到這個效果。

有一次，我到一家提供企業數位轉型服務的領導品牌公司，為他們的顧問群提供顧問簡報技巧的培訓，其中有個環節就是關於如何展現成果報告的價值，我運用「課題框架」現場解構與重新組織了一份成果報告的架構與內容。（見圖 3-13）

圖 3-13 ｜運用「成果框架」重新組織成果報告的架構與內容

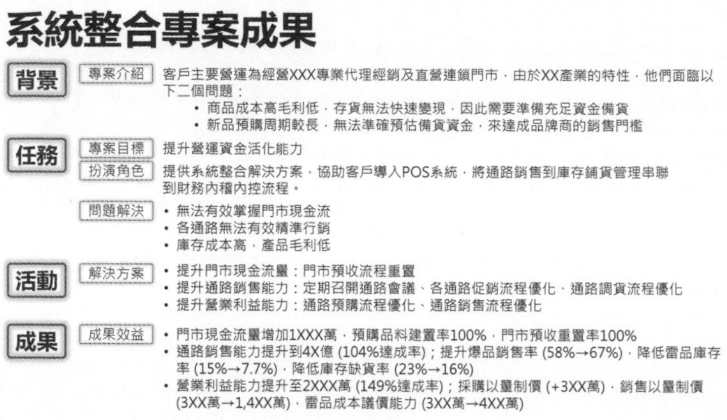

系統整合專案成果

背景　專案介紹　客戶主要營運為經營XXX專業代理經銷及直營連鎖門市，由於XX產業的特性，他們面臨以下二個問題：
- 商品成本高毛利低，存貨無法快速變現，因此需要準備充足資金備貨
- 新品預購周期較長，無法準確預估備貨資金，來達成品牌商的銷售門檻

任務　專案目標　提升營運資金活化能力

扮演角色　提供系統整合解決方案，協助客戶導入POS系統，將通路銷售到庫存鋪貨管理串聯到財務內稽內控流程。

問題解決
- 無法有效掌握門市現金流
- 各通路無法有效精準行銷
- 庫存成本高，產品毛利低

活動　解決方案
- 提升門市現金流量：門市預收流程重置
- 提升通路銷售能力：定期召開通路會議、各通路促銷流程優化、通路調貨流程優化
- 提升營業利益能力：通路預購流程優化、通路銷售流程優化

成果　成果效益
- 門市現金流量增加1XXX萬，預購品料建置率100%，門市預收重置率100%
- 通路銷售能力提升到4X億 (104%達成率)；提升爆品銷售率 (58%→67%)，降低雷品庫存率 (15%→7.7%)，降低庫存缺貨率 (23%→16%)
- 營業利益能力提升至2XXX萬 (149%達成率)；採購以量制價 (+3XX萬)，銷售以量制價 (3XX萬→1,4XX萬)，雷品成本議價能力 (3XX萬→4XX萬)

　　只要掌握了框架的運用，就可以輕鬆地規劃出報告的架構與內容。或者像我一樣，利用框架將一份簡報彙整出「一頁式報告」，不但可以簡明扼要地做好工作報告，也能讓你的主管與客戶對你刮目相看。

03 | 場景②：職涯躍升，展現價值的升等報告、履歷簡報怎麼準備？

升等報告，其實可以視為一種企業內的履歷，是為了讓主管認可你的未來潛力，可以勝任接下來的新職務；所以，在升等報告與履歷簡報的準備上，本質上是相同的。

唯一的區別，升等報告是日常工作表現之外的參考資訊，只是加強或修正主管對你的既有印象。但是履歷簡報則會產生「錨定效應」，影響面試官對你的第一印象，即使日後有機會修正，這個印象仍會很大程度的決定他對你的看法。

更重要的是，履歷簡報做不好，你可能連面試的機會都沒有。

你知道主管會希望看到什麼內容嗎？

相較於其他的簡報場景，升等報告、履歷簡報往往會先經過書面審核的階段，你不見得有機會當面進行報告與補充資訊；所以，在報告與簡報的內容呈現上，務必簡明扼要、言簡意賅，讓對方容易理解與看到重點，而不是落落長的流水帳與豐功偉業。

主管在進行升等報告或履歷簡報的審核時，最怕的就是看到千篇一律、沒有重點的內容。因為這表示主管必須花額外的心力去從報告中理出脈絡、找出重點，好向更上層的主管說明，為什麼要選擇某人升等？為什麼要錄用某人？

合乎邏輯、簡明扼要只是基本要求，主管希望從報告中看到容易做判斷、下決定的資訊。

關鍵在於你在過往經歷中得到的經驗、創造的價值，與接下來面對的新職務內容有關，而不是你做了什麼；需要的是你是否具備在新職務上能解決問題的能力，而不只是專業能力。

因為有專業能力的人很多，你必須轉化為解決問題的能力才會讓對方留下印象。比方說：很多人會寫具備「簡報能力」，但事實上，對方很難從這幾個關鍵字來判斷你的能力到什麼程度？

如果你呈現的是：我曾負責公司對外國客戶的簡報規劃與內容製作，獲得高層與客戶讚賞，也被指派為內部講師向公司同仁進行簡報培訓。從實例中來展現出你的價值，相信絕對可以讓對方更能清楚你的「簡報能力」，也更能在眾人之中脫穎而出。

128 我用模組化簡報解決 99.9% 的工作難題

讓對方容易做決定，
而不是困難做判斷，更不要讓對方自己找答案

我曾經與許多主管談論過，他們在評估升等報告或履歷簡報時的看法與觀點；也曾為了面試新人而看過上百份的履歷簡報。我歸納出大部分主管看這些報告時，會關注一個人的過去、現在與未來三個階段的資訊來作為評估的依據：

■ 過去：過往的學經歷、工作表現如何，與新職務的關聯度有多高？

■ 現在：對於新職務做了多少準備？比方說，清楚工作內容、職責與挑戰；具備需要的專業知識、技能與經驗；正在學習語言或專業課程加強不足的能力。

■ 未來：專業能力能否勝任新職務的工作內容與挑戰、個人特質是否能符合公司文化與組織價值觀、未來是否有成長潛力可以賦予更多的責任。

當你準備報告的方式，愈能符合主管的閱讀習慣，自然就更能得到青睞。因為他們會覺得：你知道我要的是什麼，而且你也準備好了。特別是在有多位水準相近的競爭者時，最終勝出的往往是更懂得做好報告的那個人。

所以，主管應該要能在升等報告或履歷簡報中，看到以下四個重點：

① 你在現職的工作表現良好／你在過往的經歷符合條件

② 你清楚新職務的職責、工作內容與挑戰

③ 你的專業知識與技能符合新職務的需求

④ 可以凸顯你專業價值、個人特質或成長潛力的實例說明

在內容準備上，必須要讓對方看了有「對！你的經歷符合我要的條件」這樣的感覺，讓他好做決定；而不是「嗯，學經歷還不錯，但是符合這個職務的條件嗎？」這樣難以判斷的感覺。

最糟糕的是看完一大堆內容後，還不知道你的重點是什麼？通常，就是謝謝不連絡了。

吸引目光的升等報告、履歷簡報，就用議題框架來組織架構

要吸引主管或面試官的目光最有效的方式，就是讓他看到你的主張論點：

> 「我就是最合適的那個人！」

然後，他們會想看到支持這個論點的根據，有沒有實際案例可以佐證？

當主管、面試官看完你的報告、被你說服之後，他們還得向更高的主管或決策者說明認同的理由。因此，一個合乎邏輯、言之有據的報告架構，不僅可以幫助你贏得主管或面試官的認同，也能便於他們向上報告。

這是「價值主張、提出訴求」的場景，我們可以採用「議題框架」作為報告的架構：

- 論點：提出一項主張或論點
- 理由：支持這項主張或論點的三個理由
- 實例：提出能佐證理由的成功案例
- 重申：再次重申提出的主張或論點，並且喚起行動

公司內部的升等報告這樣做

做好升等報告的關鍵，在於框架元素「理由」的內容所包含的四個要點。（見圖 3-14）

圖 3-14｜利用議題框架與課題框架的組合，來規劃升等報告的架構

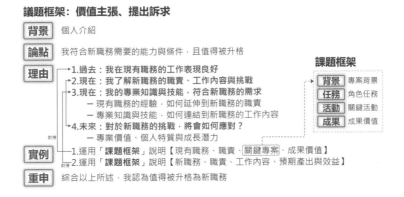

議題框架：價值主張、提出訴求

| 背景 | 個人介紹

| 論點 | 我符合新職務需要的能力與條件，且值得被升格

課題框架

| 理由 | ┌→1.過去：我在現有職務的工作表現良好
　　　　├→2.現在：我了解新職務的職責、工作內容與挑戰
　　　　├→3.現在：我的專業知識與技能，符合新職務的需求
　　　　　　　── 現有職務的經驗，如何延伸到新職務的職責
　　　　　　　── 專業知識與技能，如何連結到新職務的工作內容
　　　　└→4.未來：對於新職務的挑戰，將會如何應對？
　　　　　　　── 專業價值、個人特質與成長潛力

| 背景 | 專案背景
| 任務 | 角色任務
| 活動 | 關鍵活動
| 成果 | 成果價值

| 實例 | ─1.運用「課題框架」說明【現有職務、職責、關鍵專案、成果價值】
　　　　─2.運用「課題框架」說明【新職務、職責、工作內容、預期產出與效益】

| 重申 | 綜合以上所述，我認為值得被升格為新職務

在框架元素「實例」中，可以運用「課題框架」來說明：

① 在現有職務的工作表現良好

⇨ 背景：現有職務的簡要說明

⇨ 任務：現有職務的工作目標、角色職責

⇨ 活動：完成哪些關鍵專案？（可以使用「課題框架」來展開說明）

⇨ 成果：這些關鍵專案產出哪些成果效益？（盡可能與新職務建立關聯）

② 瞭解新職務的工作內容，具備的專業知識與技能能面對新挑戰

⇨ 背景：新職務的簡要說明

⇨ 任務：新職務的工作目標、角色職責

⇨ 活動：新職務的主要工作內容有哪些？（可以使用「課題框架」來展開說明）

⇨ 成果：新職務主要產出哪些成果效益？

　　舉例來說，某家數位轉型服務公司的一位顧問師正在準備他的升等報告。
（見圖 3-15）

圖 3-15 │ 顧問師運用議題框架與課題框架來準備升等報告

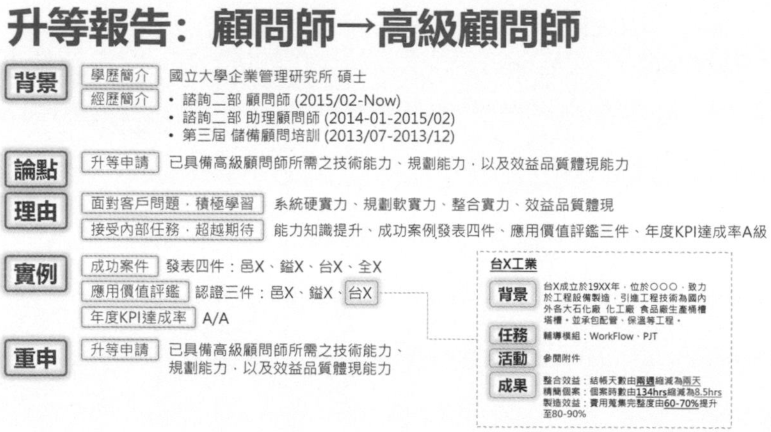

升等報告：顧問師→高級顧問師

背景	學歷簡介	國立大學企業管理研究所 碩士
	經歷簡介	• 諮詢二部 顧問師 (2015/02-Now) • 諮詢二部 助理顧問師 (2014-01-2015/02) • 第三屆 儲備顧問培訓 (2013/07-2013/12)
論點	升等申請	已具備高級顧問師所需之技術能力、規劃能力、以及效益品質體現能力
理由	面對客戶問題，積極學習	系統硬實力、規劃軟實力、整合實力、效益品質體現
	接受內部任務，超越期待	能力知識提升、成功案例發表四件、應用價值評鑑三件、年度KPI達成率A級
實例	成功案件	發表四件：邑X、鎧X、台X、全X
	應用價值評鑑	認證三件：邑X、鎧X、台X
	年度KPI達成率	A/A
重申	升等申請	已具備高級顧問師所需之技術能力、規劃能力、以及效益品質體現能力

台X工業

背景	台X成立於19XX年，位於○○○，致力於工程設備製造，引進工程技術為國內外各大石化廠、化工廠、食品廠生產機構塔槽、並承包配管、保溫等工程。
任務	轉移模組：WorkFlow、PJT
活動	參閱附件
成果	整合效益：結帳天數由雨週縮減為兩天 精編需求：個案時數由134hrs縮減為8.5hrs 製造效益：費用蒐集完整度由60~70%提升至80-90%

這位顧問師在報告中運用了「議題框架」作為架構，提出了「已具備高級顧問師所需三項能力」的論點。支持這個論點的理由，他分為對外、對內兩個部分來說明，然後列舉實例來佐證「接受內部任務，超越期待」的這項理由，並以「課題框架」將某個關鍵專案額外進行說明。

最後，再重申「已具備高級顧問師所需之技術能力、規劃能力，以及效益品質體現能力」。

企業求職的履歷簡報這樣做

對於剛進入職場的新鮮人來說，沒有太多的工作經歷，所以履歷簡報的重點，就在於如何在最簡短的內容，告訴對方你能勝任這項職務。

簡單來說，重點放在讓對方感受到「**你是最適合的人**」而不是「你是最厲害的人」；多數求職者常犯的錯誤是，以為只要展現出自己最厲害的一面，就能獲得對方青睞。

新鮮人即使沒有相關經驗，也要懂得創造與職務內容的關聯。

比方說，曾經協辦社團活動的經驗，可以著重運用企劃與溝通能力解決了什麼樣的困難？創造了什麼樣的價值？學習到什麼樣的經驗？用具體經歷的方式來凸顯解決問題的能力，會比「具備企劃能力」或「溝通能力極佳」這樣空泛的敘述方式，更容易被理解與認同。

與升等報告相同，準備履歷簡報同樣可使用「議題框架」作為報告架構。（見圖 3-16）

圖 3-16 ｜利用議題框架與課題框架的組合，來規劃履歷簡報的架構

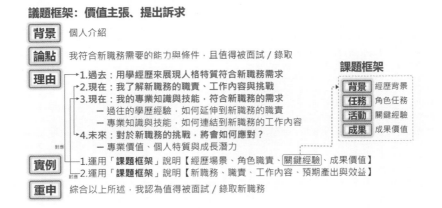

我在進行職涯輔導時，都會建議求職者在「兩張投影片」內說明完這些內容。（見圖 3-17）

其餘的，可以再補充或詳細敘述在附件中；先引發對方對你的興趣，再創造對方對你進一步了解的機會，附件就有這個用途的。

圖 3-17 ┃ 以兩張投影片完成履歷簡報的準備

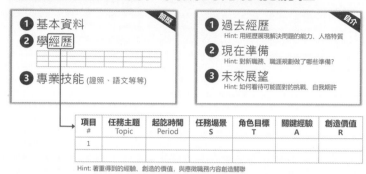

在過往經歷的部分，可以使用精簡的表格來整理，套用課題框架來簡要說明有價值的工作經歷、任務經驗或其他活動經驗，不是寫得愈多愈好；而內容則是偏重在得到的經驗、創造的價值，不在於你做過哪些事情。

我沒有那麼多成功案例，怎麼辦？

其實重點不在於有多少成功案例，因為很少有一項工作任務是由個人獨自完成的，大多是多人協作的；所以，你該凸顯的是從中創造了什麼價值？學習了什麼經驗？換句話說，對於成功的案例我們強調成果價值，失敗的案例就強調經驗學習，以此當成下一次成功的基石。

所以，不論是升等報告、或是履歷簡報，請把握以下三個重點：

① 　請在兩張投影片內說清楚。用最簡短的內容讓對方知道，你能勝任這個新職務，其餘的當作參考附件即可。

②　創造與新職務內容的關聯。你的專業能力與對方無關，對方對你有興趣，是因為你的專業能力可以解決他的問題；愈是超乎預期，對方對你的興趣也就愈大。

③　先解決對方的問題，再處理自己的問題。讓對方容易做決定，而不是困難做判斷，更不要讓對方自己找答案。

最後，我整理了一張升等報告與履歷簡報的架構規劃點檢表，給你作參考。（見圖 3-18）

希望你在職涯發展的路途中能夠持續展現價值，創造職涯躍升的機會。

圖 3-18 ｜升等報告、履歷簡報的架構規劃點檢表

	升等報告	履歷簡報
背景	基本資料簡介	基本資料簡介
論點	符合升等條件，值得被升等	符合職務條件，希望爭取面試與錄取機會
理由	❶ 在現職工作表現良好 ❷ 有能力面對新職務的工作內容與挑戰 ❸ 專業知識與技能符合新職需求 ❹ 個人價值性、獨特性與成長性	❶ 過去經歷：展現人格特質與解決問題能力 ❷ 現在準備：有能力面對新職務挑戰 ❸ 未來展望：自我職涯規劃與成長期許 ❹ 個人價值性、獨特性與成長性
實例	❶ 以課題框架來說明過往成果價值 ❷ 以課題框架來描述新職務內容與挑戰	❶ 以課題框架來說明過往成果價值 ❷ 以課題框架來描述新職務內容與挑戰
重申	重申主張與自我期許	重申主張與自我期許

04 | 場景③：資源攻防戰，
企業的策略規劃與企劃提案
怎麼寫？

　　策略規劃的目的，是實現願景；策略規劃的全貌，是資源、目標、對策與效益。

　　企業之所以要進行策略規劃，往往是源自於一個問題，可能是現實受到影響、對未來感到隱憂、或是經營者的企圖心，希望透過這個問題的解決，來實現企業的願景。

　　比方說，企業的願景是成為全球銷售市占率第一的品牌，那麼對應到組織中的各個單位，就會提出像是新產品的開發、品牌行銷的計畫、通路銷售的策略、財務操作的風險等策略與企劃，彼此之間勢必會造成資源上的爭奪。為了將有限的企業資源做最充分的運用，如何提出好的策略規劃，以及能被買單的企劃提案，就是影響資源如何分配的關鍵。

策略規劃，是為了找到實現企業願景的方法

什麼是策略規劃？簡單來說，就是思考如何縮短「現實」（企業的現況）到「願景」（企業的期望）之間的距離。（見圖 3-19）

圖 3-19 ｜策略規劃對於企業的本質意義

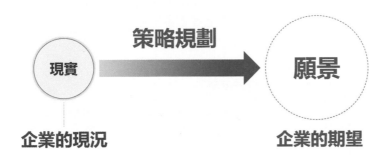

縮短這段距離有許多方法，比如說改變企業的現況、降低企業的期望，都能讓現實更靠近願景。但是願景必須轉化為具體的目標，否則所有人對於願景可能有各自解讀，造成策略規劃上的錯亂。

舉例來說，某個企業的願景是成為「產業第一」，這可以有幾種解讀：

■ 成為產業中營收最高的企業
■ 成為產業中市占率最高的企業
■ 成為產業中知名度最高的企業

假設企業所有人都認同，這個願景是「成為產業中市占率最高的企業」，還是存在著許多問題。市占率指的是銷售量、還是銷售金額？市占率最高是多高？比第二名的市占率多出 1％、還是 10％？只用一個月達成？還是一個季度、一個年分？或是永遠？

不同的定義，就會衍生出不同的策略規劃。因此，必須先將「願景」拆解為多個明確、可量化的「目標」，這時候的策略規劃就轉變成縮短「現實」與這些「目標」之間的距離。

　　一旦這些目標都達成，也就產生出效益，自然地實現或更靠近願景。（見圖 3-20）

圖 3-20 ｜策略規劃是為了達成目標，產生效益來實現願景

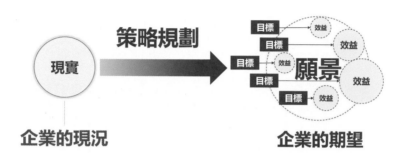

　　更具體地來說，策略規劃就是從「現實」出發，來發想有哪些對策可以達成這些「目標」？有的目標太大，必須進行拆解多個小目標；有的目標無法一次達成，必須拆分多個階段；有的目標是現有資源都無法達成的，只能捨棄。（見圖 3-21）

圖 3-21 ｜策略規劃的具體全貌

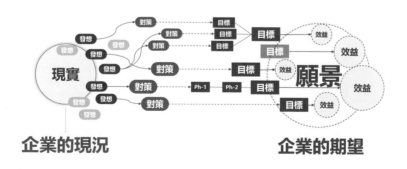

　　我用模組化簡報解決 99.9% 的工作難題

透過策略規劃，可以使企業的目標更為清晰，也能從願景的角度來檢視企業的短、中、長期活動，是否都是為了實現願景而存在，而不是短視近利、追求眼下的目標。

影響策略規劃成效的四個關鍵因素

在策略規劃的具體全貌中，有四個關鍵因素：資源、目標、對策、效益。

為了提高策略規劃的實現機會，必須要確認資源有沒有限制、提出的目標是否合理、對策是否可行、以及效益的價值高不高。

為什麼要確認這些關鍵因素？這是因為考量目標設定是否合理，為了確保在「做對的事」；檢視對策是否可行，是為了確保能「把事做對」。最後，盤點效益的價值高不高，是因為必須考慮到依據現實資源的限制程度來衡量是否「值得去做」？（見圖 3-22）

圖 3-22 ｜影響策略規劃成效的四個關鍵因素

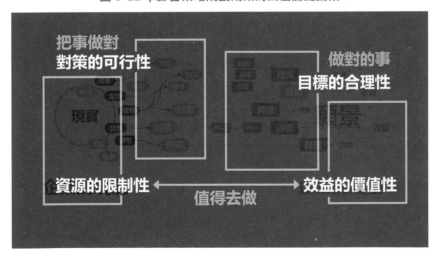

我們都希望做對的事、把事做對，而且值得去做。

不過，有時候事情不一定如我們所願，即使我們很認真去執行了，但是與願景或目標相比，結果依然有落差，這是因為沒有考慮到資源存在三個限制：

限制❶資源有限

由於資源有限，所以目標不能無限制地隨意設定。必須考量有限資源，並因此設定「合理的」目標；即便最後結果可能與願景有落差，但我們盡力縮短距離。基於合理的目標下，再來發想有哪些可能的對策。

限制❷資源需要爭奪

因為資源是被各項對策爭奪的，所以得評估哪些是「可行的」對策。再從這些可行的對策中選擇出「最適」對策。所謂最適，就是有限資源的妥善分配與運用；但是如何確保在最適對策的進行過程中，資源不會再次被爭奪，如果發生了資源被爭奪走的情況，又該怎麼辦？

限制❸資源存在不確定性

因為資源存在不確定性，也就是說外在環境會改變、內部條件也會改變。甚至還可能有突發的天災人禍也會帶來資源的改變，如何管理這些不確定性的風險、如何評估最終產出的成果效益價值？風險與成果效益價值的綜合考量，就是對策是否「值得去做」的依據。

利用框架組合「問題＋課題」來展開策略規劃的架構

策略規劃，是為了實現企業的願景，也就是解決「如何實現企業的願景？」這個問題；另一方面，必須將這個問題轉化為多個課題，並提出具體的執行對策。所以，我們可以第三章一開始提到的框架組合②「問題框架＋課題框架」當成策略規劃的架構。（見圖 3-23）

圖 3-23 │ 利用問題框架與課題框架的組合，來展開策略規劃的架構

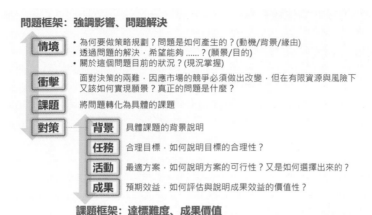

首先，套用「問題框架」說明這個策略規劃的情境、衝擊與對應哪些課題，而對策的部分，則是以「課題框架」展開，說明每一項課題對應的背景、任務目標、關鍵活動與預期成果。

透過「主題框架」將策略規劃整合為企劃提案的架構

策略規劃的內容，是為了找出解決問題的課題與具體對策。但在對高階管理者進行報告時，必須先說明策略規劃對於企業的關聯與價值是什麼？而不是直接報告策略規劃的細節。

因此必須將策略規劃的內容整合為一份簡要的企劃提案，當作向高階管理者報告與評估是否採納的依據。為了讓報告對象能快速掌握企劃提案的全貌與對企業的影響，可套用「主題框架」為企劃提案的主架構，說明目的、關聯與效益。

其中「目的」對應到策略規劃中的「願景／目的」與「任務」，而「關聯」對應到策略規劃中的「衝擊」、「課題」與「活動」，最後的「效益」則是對應到策略規劃中的「成果」。

利用這樣的對應關係，可以快速地從策略規劃的內容摘錄對應的資訊，做為企劃提案的內容。（見圖 3-24）

圖 3-24｜利用主題框架來組織企劃提案的報告架構

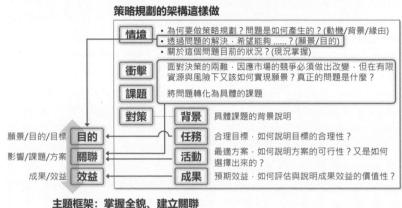

決定了企劃提案的報告架構後，我們將內容的元素重新梳理排列一下。因為大多數企業對於企劃提案的內容，有其習慣的閱讀格式與分類。將內容重新整理為企劃提案基本的十二個項目，有助於對方能夠理解提案，進而增加提案讓人認同與接受的機會。（見圖 3-25）

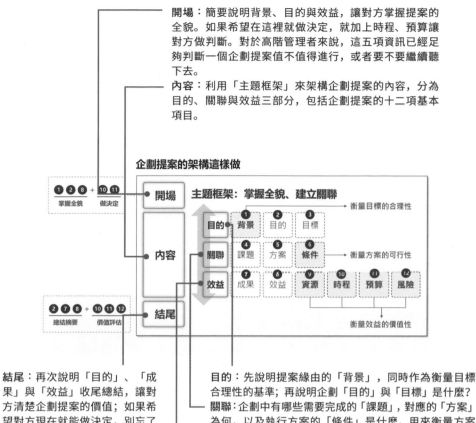

圖 3-25 ｜順利過關的企劃提案架構這樣做

開場：簡要說明背景、目的與效益，讓對方掌握提案的全貌。如果希望在這裡就做決定，就加上時程、預算讓對方做判斷。對於高階管理者來說，這五項資訊已經足夠判斷一個企劃提案值不值得進行，或者要不要繼續聽下去。

內容：利用「主題框架」來架構企劃提案的內容，分為目的、關聯與效益三部分，包括企劃提案的十二項基本項目。

企劃提案的架構這樣做

① ② ⑧ + **⑩ ⑪**
掌握全貌　　做決定

② ⑧ + **⑩ ⑪ ⑫**
總結摘要　　價值評估

開場
內容
結尾

主題框架：掌握全貌、建立關聯

目的　① 背景　② 目的　③ 目標 → 衡量目標的合理性
關聯　④ 課題　⑤ 方案　⑥ 條件 → 衡量方案的可行性
效益　⑦ 成果　⑧ 效益　⑨ 資源　⑩ 時程　⑪ 預算　⑫ 風險
→ 衡量效益的價值性

結尾：再次說明「目的」、「成果」與「效益」收尾總結，讓對方清楚企劃提案的價值；如果希望對方現在就能做決定，別忘了補充「時程」、「預算」與「風險」，說明清楚此提案的價值在哪，促使他們能立刻做決定。

目的：先說明提案緣由的「背景」，同時作為衡量目標合理性的基準；再說明企劃「目的」與「目標」是什麼？

關聯：企劃中有哪些需要完成的「課題」，對應的「方案」為何，以及執行方案的「條件」是什麼，用來衡量方案是否可行的判斷標準。

效益：包括「成果」與「效益」二個主要項目。為了讓報告對象容易評估企劃提案的價值，需要列出耗用的「資源」、規劃的「時程」與「預算」，以及有哪些可能的「風險」，當成衡量整體執行效益價值高低的依據。

有效提案的關鍵：做到三個安心

很多人對於策略規劃與提案，總是感到棘手；原因無他，因為沒有一定的範本可以遵循。

可能有人納悶：為什麼有人短短幾張投影片就能搞定？我卻要做個半死；滿滿的參考資料明明很完美，可對方就是不買單？

這都是因為沒有掌握策略規劃與提案的基本核心，也就是目標、對策與效益。而前面教過的黃金圈法則，正好能解決前面所提出的提問。

要想有效提案，先找到「為什麼」要提案的原因，並依照黃金圈原則找出可行的對策，提出提案的效益。提案不是你寫了，別人就得相信、認同，還必須要讓對方相信。

提案時，對方會認為：不要只說目標，你得告訴我目標的合理性；不要只說對策，你得告訴我對策的可行性；不要只說效益，你得告訴我效益的價值性。而且，你得盡可能在最少的篇幅內滿足以上三個要件。

所以，提案要能打動人心，你得做到三個安心：做對的事、把事做對、值得去做。

① 做對的事，就是告訴對方這個目標是合理的、是基於願景和目的而來的。

② 把事做對，是基於這個合理的目標所對應的對策是具體可行的。

③ 值得去做，是衡量效益是有價值的，也就是我不會只是做白工、甚至賠本。

只要落實這三點，基本上，提案就成功一半。

不是好提案就會被接受，被接受的才是好提案

做到三個安心，僅僅只是沒有失誤，不足以讓對方買單。

要讓對方買單，你必須建立起關聯，做到兩個故意：故意讓對方知道「與你有關」以及「對你有益」。清楚讓對方感受到「我們」在做對的事、這肯定值得「我們」去做、而「我們」能把事做對。

所謂的與你有關，是讓對方知道「我清楚你的問題是什麼？」、「我是為了解決你的問題而來」。

而對你有益，是清楚告訴對方解決問題後能帶來哪些效益？相對於投入的資源是絕對值得去做的。

因此，策略規劃與提案的致勝關鍵就是：

■ 三個安心：做對的事、把事做對、值得去做（減少拒絕的阻力）
■ 兩個故意：與你有關、對你有益（增加買單的誘因）

很多人將其中之一做得太好，而忽略了另一個，所以失去了對方的耐心與注意力，導致「我聽不到你的好」或是「與我無關，所以我沒興趣聽到你的好。」

你，才是有效說服的關鍵

亞里斯多德提到有效說服的三個因素：人格、情感與邏輯。

邏輯，就是言之有序、言之有物、言之有理；情感，就是建立彼此情緒上的連結，人總是對與自己有關的事情感興趣；人格，是對方相信你的理由。

做到極致，就是你的信譽（credit），因為是「我」所以相信這是合理的、可行的、有價值的。

高效工作者，懂得透過每一次的報告將信譽建立在自己身上，而不是透過自己的技巧將報告做到專業；因為他們知道讓對方買單的理由，絕大部分是基於對自己的信任。如果沒有認清這個本質，你永遠都在很努力地做報告。

想一想，上一次你的提案被稱讚是什麼時候？

對方說的是「你的報告很專業」還是「你很專業」？又或者是「簡報做得很漂亮」而已。

05 | 場景④：讓老闆、客戶都買單的銷售簡報怎麼做？

好的銷售簡報，對於商品銷售、公司募資、品牌形象與吸引合作客戶都是不可或缺的。

銷售簡報（Sales Kit）對一家企業來說，扮演著相當重要的關鍵角色，舉凡業務、行銷人員在拜訪客戶、開拓市場與通路銷售時，都會使用到這樣的一份簡報，有時還會搭配產品型錄（Catalog）或是相關行銷活動（Marketing Campaign）一起運用；而高階經理人或是經營層在面向市場投資人、股東與尋求策略合作夥伴時，也會使用到銷售簡報。

銷售簡報的痛點與對策

簡單來說，銷售簡報就是體現自家企業價值，進而達到商業合作的一個行銷工具，而商業合作包括銷售、行銷、合作與募資等。過去我在企業擔任策略行銷工作時，負責公司對外銷售簡報的規劃與製作，也曾遇到許多困難與阻礙，主要可以歸納為以下幾點：

- 簡報製作者可能不是使用者，因此簡報製作需考量多數使用者的需求與習慣。

- 簡報使用者涵蓋各種角色與層級，報告技巧不一；需要提供簡單易懂、好使用的內容。

- 簡報使用者會因應報告對象與需求的不同，自行調整簡報內容與順序；因此簡報的架構需要保持模組化、易於拆分組合的彈性。

- 簡報製作者必須將技術文件或專業內容轉化為「科普」內容，並維持內容的整體性。

- 除了每季營運狀況的更新之外，也需要依據市場與產品動態不定時更新簡報內容，因此簡報架構需要容易刪減與新增內容。

- 因應各國客戶需求，需要將銷售簡報製作多國語言版本。

如果正在閱讀的你也有過製作銷售簡報的經驗，相信也會心有戚戚焉吧。

一開始我都是依照需求客製化，雖然可以完成工作、也獲得老闆、客戶的好評價。但是，時常加班熬夜、處在高度時間壓力下製作簡報，我不禁想著：這真的是我想要的生活嗎？

而且業務與行銷人員也常常抱怨銷售簡報不好用，因為他們覺得簡報架構缺乏彈性、不能依照當下情況按照自己的想法調整，只能透過我才能修改內容。原本客製化的好意，結果變成了吃力不討好的工作，使用簡報的人不滿意，自己也累個半死。

為了解決這些問題，我也嘗試過不少方法。最後，我找到了一個方法，不但能輕鬆、快速地完成簡報製作，使用簡報的公司同仁也能懂得自由組合內容，又能達到銷售簡報的功效。

這個有效的方法，就是模組化簡報。

將銷售簡報的內容拆解為不同功能訴求的模組，然後透過邏輯框架組裝出

一份公版的銷售簡報，滿足大多數的基本需求，再提供使用說明書，讓使用者知道如何使用，如何自行調整組合為符合需求的簡報。

這就像樂高積木一樣，提供了基本模塊與說明書，無論是誰，都可以依照說明書組裝出一隻大象或長頸鹿，當然也可以自行發揮巧思組裝出屬於自己的作品。即使有些客製化的零件，製作比例上也能大幅縮減，不僅加速產出的效率，也能減輕簡報製作者的負擔。

運用「主題框架」來規劃銷售簡報的架構

銷售簡報的目的就是體現自家企業價值，進而達到商業合作。

關鍵就在於如何與對方快速「建立連結、掌握全貌」，讓他們有興趣瞭解更多，甚至是購買與合作。這時，可以利用「主題框架」協助架構。你可從框架的目的、關聯、效益去著手：

- 目的：定位為「品牌認知」，說明我們是誰？我們做什麼？
- 關聯：定位為「領域專業」，告訴客戶我們能幫他們什麼？如何幫他們？
- 效益：定位為「購買誘因」，提供客戶為什麼需要我們的理由？

依照此邏輯，可將銷售簡報劃分為三個部分：「品牌認知」、「領域專業」與「購買誘因」。（見圖 3-26）

我用模組化簡報解決 99.9% 的工作難題

圖 3-26 ｜運用主題框架來規劃銷售簡報的架構

銷售簡報可以這樣規劃

第一部分：品牌認知

首先，在「品牌認知」的部分說明兩件事。

■ 第一件事，是讓客戶瞭解「我們是誰？」

比如說：品牌故事、公司背景、願景使命或營收成長等。

我的建議是不要全部都納入，這樣會造成資訊混淆，你可以評估什麼是當下企業最具優勢的元素？然後將其他元素放到附件，以備不時之需。

如果企業屬於成熟品牌，廣為市場所知，那麼可以強調願景使命來增強認同感；如果近期業績表現不錯，或許營收成長會是個亮點。

我建議根據簡報對象的偏好，以及你希望給對方產生什麼樣的印象，來決定這部分要包含哪些元素。

■ 第二件事，是告訴客戶「我們做什麼？」

包括企業的產品與服務、功能介紹與市場應用等。盡量以視覺化圖像呈現，避免過多的技術性描述與艱深的專有名詞，用對方容易理解的方式說明。

第二部分：領域專業

其次，在「領域專業」的部分提到兩個關鍵。

■ 第一個關鍵，是讓客戶清楚感受到「我們能幫你什麼？」

透過一個情境或故事的描述，讓客戶明白我們清楚他們所面對的問題情境。

如果對方沒有眼下的問題怎麼辦？那就塑造一個場景。從產業趨勢到市場競爭的消長，讓客戶意識到潛在的問題或是未來的隱憂，讓他們的專注力聚焦在下一個關鍵。

■ 第二個關鍵，是讓客戶知道「我們可以如何幫你？」

也就是解決客戶問題的具體產品或服務方式、技術規格等。一般在製作銷售簡報時，很容易忽略第一個關鍵，這會使得客戶對於第二個關鍵的內容缺乏參與感，因為他們不覺得你解決的是他們的問題。

所以，這兩個關鍵可以說是整份銷售簡報中最為重要的環節，在順序上也不可以顛倒。

第三部分：購買誘因

最後，在「購買誘因」的部分帶出兩個資訊。

■ 第一個資訊，是客戶「為什麼要選擇我們？」

這裡談到的是有關於企業對客戶的價值，可能是產品或服務的獨特性、競爭優勢、市場客戶認證或是品牌價值等等。

通常我們會盡可能的準備能展現企業價值的相關內容；但在面對客戶時，仍會依據對方重視的價值來強調，比如說：重視品質、價格、技術開發、長期合作、品牌提升、供貨穩定性等等。

■ 第二個資訊，是客戶「可以在哪裡找到我們？」

通常首次的客戶拜訪，在於建立關聯、對企業產生興趣，未必能馬上建立合作關係。

所以，清楚的讓客戶知道如何聯繫到我們，是一件重要也是常被忽略的「小事」。一般來說，在銷售簡報中會有一張投影片介紹企業的服務據點與窗口聯繫方式，讓對方可以「隨時、方便地」找到我們。

整體銷售簡報的架構，就包含「品牌認知」、「領域專業」與「購買誘因」三個部分。簡報封面與封底是另一個容易被忽略的重點，我建議只要清楚地呈現公司名稱、品牌標誌（Logo）與一句簡單的價值主張（Slogan）就足夠了。

如果品牌認知度不夠怎麼辦？先強調創造的價值性與獨特性

有時候，企業的品牌價值尚未建立或是名氣不夠，在「品牌認知」的部分就可以簡單帶過，或是採取另一種做法：調整簡報內容的順序，將具有優勢的環節移至前段先講。

比方說，如果你提供的是創新性的解決方案，就可以先強調「領域專業」，再說明「品牌認知」、「購買誘因」；也就是先從「關聯（How）」出發建立與客戶的關聯，讓對方感興趣再說明其他內容。

像是新創公司或是中小企業，在創業初期或是市場競爭者眾多的情況下，客戶極有可能對你的公司完全不感興趣，除非你先讓對方知道你清楚他們的問題？不只清楚，還能夠解決問題、創造超乎預期的價值，這時候客戶才有興趣跟你談。

以知名的創新住宿業者 Airbnb 當初的銷售簡報為例，由於其獨特的創新解決方案是其亮點，所以在一開始就先說明待解決的問題是什麼？然後提出解決方案。（見圖 3-27）

圖 3-27 │ 創新住宿業者 Airbnb 的銷售簡報

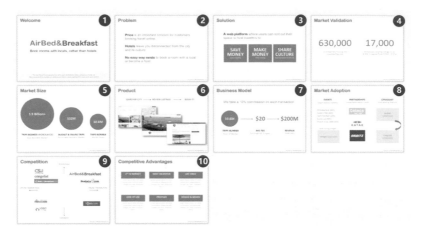

實例

我們就以「主題框架」來剖析一下簡報內容的架構是如何鋪陳的？（見圖 3-28）

圖 3-28 │ 以主題框架來解構 Airbnb 的銷售簡報

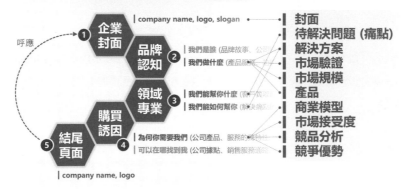

在 Airbnb 的銷售簡報中，因為新創的「品牌認知」相對薄弱，所以先說明「領域專業」來與簡報對象建立連結，讓他們先認知到「我們能解決你的什麼問題？」

在說明完「領域專業」之後，解決方案的部分就銜接到「品牌認知」的部分，包括市場規模、產品介紹；最後，提到商業模型、市場接受度、競品分析與競爭優勢等強化「購買誘因」的要素，占了相當多的篇幅。

這對於新創公司在初期要吸取媒體眼球與投資人資金來說，是相當有效的架構鋪陳，清楚地呈現出企業的未來價值性。

面對老闆與客戶時，從對方感興趣的開始說起

雖然說運用主題框架來規劃銷售簡報的架構是個能加速思考到產出，而且又能合乎邏輯的方式，但別忘了，「銷售」的本質還是回到與對方的情感連結上。

當我們愈快與對方建立關聯，讓對方有意願聽我們說下去，後面的邏輯才有意義。所以在規劃銷售簡報的內容時，請把握一個原則：先解決對方的問題，再處理自己的問題。

在面對新客戶與老客戶時，也應該掌握對方想知道的訊息，適時調整內容的比重。（見圖 3-29）

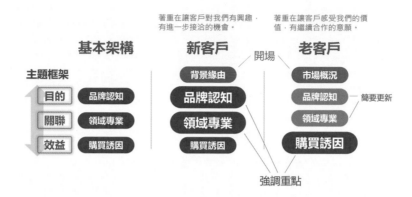

圖 3-29 ｜面對新、舊客戶，在銷售簡報上強調的重點不同

在面對新客戶時，因為對方可能不清楚你是誰，所以簡單地自我介紹與說明來由是必要的，然後才進入「品牌認知」、「領域專業」與「購買誘因」等環節；目標是讓客戶對我們有興趣，有進一步接洽的機會。

在面對既有客戶時，對方在意的可能是我們是否有新產品或營運狀況的更新，以及這次報告的目的是什麼。這時簡單地說明來由，然後在「品牌認知」與「領域專業」的部分，只需要準備更新的資訊，不需要像面對新客戶一樣完整說明。

反倒是在「購買誘因」方面，可以多加著墨，除了展現我們的企業與產品價值與競爭優勢之外，提供客戶相關的市場趨勢或競爭情報，也是創造價值的一種有效做法，在平時不妨多蒐集與客戶相關的市場情資，在準備銷售簡報時肯定能派上用場。

06 | 場景⑤：市場資訊、新聞素材如何整合為一份報告？

對於企業的行銷與業務人員來說，掌握市場資訊與新聞動態十分重要。在面對客戶與消費者時，如何簡單扼要地傳達最新的市場情資，不僅可以提升專業形象、同時也能建立起良好的顧客關係。這能讓客戶與消費者感受到，不只是商品資訊，我還可以從你這邊獲得有價值的市場資訊。

我到過一些金融業提供顧問服務時，發現不少員工都會被要求每天早上整理出與產業、客戶有關的最新市場資訊與新聞內容。在我過去服務的科技業中，也有著這樣的習慣；在每週一早上整理出前一週的產業、市場與競爭者消息，提供給相關主管與同仁做參考。

有時候，也得因應一些突發狀況，在最短時間內整合出一份報告。

我記憶猶新的是在 2011 年的日本 311 大地震，震央是在日本的東北地區，那是半導體矽晶圓的生產重鎮；對於半導體產業來說，可說是最重要的原物料。在地震發生之後，可以預期的是大批湧入的客戶電話，詢問他們的訂單是否會

受到影響？因此，我們必須在最短時間內整理好相關的新聞消息、影響程度與後續應對的對策。

那次真的是有驚無險！由於平時就有建立完善的資料查詢網路，所以能快速取得相關資料。再利用模組化簡報的技巧，很快地，我在半小時左右就完成了初步的報告，已經足以回應客戶的提問與疑慮；然後再逐一更新蒐集到的最新消息，整合到同一份報告中。

那麼，我是如何快速整合這些市場資訊、新聞素材呢？

當時的報告是屬於「強調影響、問題解決」的場景，所以我採用「問題框架」作為報告的架構：

- 情境：日本東北地區發生規模九級以上地震。
- 衝擊：恐將造成半導體矽晶圓缺貨，進而影響銷售訂單與競爭態勢改變。
- 課題：澄清與確認以下五項課題
    ① 日本東北地方產業分布與相關產業受震災影響程度
    ② 日本核電廠事件和電力供應狀況
    ③ 對於半導體產業／記憶體產業的影響
    ④ 對於公司供應鏈的影響
    ⑤ 對於公司競爭者／客戶的影響
- 對策：針對以上五項課題提出應變方案

在第一時間該做的，是讓內部同仁、外部客戶安心，先提出報告的架構規劃後，讓相關對象知道有在進行相關澄清與行動，就能感到放心；另一方面，也可以根據這個架構分頭進行資訊的蒐集與釐清，減少時間上的等待，在最短時間內做到最大程度的情況掌握。

對於個別新聞的內容，同樣也可以運用邏輯框架進行快速地整合。

舉例來說，我在 2019 年 7 月的時候，曾經到金融研訓院為一群金融業主管進行簡報培訓，那時的新聞話題是有關於純網銀執照的發放。而我也利用一則當時的新聞，說明如何整合為一份報告。（見圖 3-20）

圖 3-30 ｜關於純網銀的一則新聞內容

純網銀要來了 鯰魚效應金融版圖面臨洗牌

2019-07-28 12:54 中央社

迎接純網銀時代專題2（中央社記者劉姵呈台北28日電）台灣金融市場7月底大事，就是將正式開啟「純網銀」時代，不僅將徹底顛覆台灣民眾對銀行的印象，也將影響金融市場版圖，來勢洶洶的純網銀將養出何種創新服務搶客，發揮鯰魚效應，外界拭目以待。

純網銀執照榜單公布倒數計時，由於金融監督管理委員會主委顧立雄日前信誓旦旦表示，只會開放2家純網銀，因此提出申請的3家業者「將來銀行」、「LINE Bank」及「樂天國際商業銀行」近期十分低調，對未來純網銀的面貌三議其口。

純網銀是什麼 鯰魚效應鎖定年輕族群

簡單來說，純網銀與客戶互動的窗口，是經由網路、行動裝置的App進行，沒有任何實體分行、分支機構和任何營業據點，當然更沒有時間、空間限制，隨時可進行交易，也因為大部分服務都自動化，如過去需要跑流程審核的貸款服務，作業時間都將因此大幅縮短。

換句話說，純網銀建立正式上路後，未來將改變部分民眾抽號碼牌後，枯坐在營業大廳等候存存、提、匯款業務景象，金融世代的年輕族群將更容易取得金融創新服務；而業者也可省下租用店面、僱用盤櫃人員等成本。

業者也透露，純網銀雖無實體分行，但取款可能還是能到ATM或中心機構領現金，但由於主管機關近年力推無實體化，也將會透過金融創新的非金融族群，包括金融匯款、電子支付、電子錢包等選項，讓民眾有更彈性的選擇，完成支付、繳費等生活需求。

台經院產業分析師陳衍潔表示，純網銀最早緣起於英

國、美國，因為這些國家幅員遼闊，很多偏遠地區的自動櫃員機（ATM）和分行不普及，純網銀可以透過網路深入到傳統銀行服務不到的地方；這同樣也是後來中國的金融科技能快速發展的原因。

不過，台灣地小人稠，金融市場本來就已呈現銀行家數太多的現象，尤其金融科技時代來臨後，各家銀行不僅有網路銀行，也發展了數位銀行品牌，間接影響許多銀行的分行據點租約到期時就不再續約，依金管會統計，至今年5月底，國內銀行的分行家數降至3397家，連續5年下降，但ATM裝設台數、資訊人才需求則是逐年增加。

純網銀拚搏傳統銀行 差異化服務是亮點

在市場競爭下，純網銀要想超出一條血路，免不了要削價競爭，但陳衍潔分析，國銀本來就有既定用戶的優勢，純網銀單靠殺價長期下來會很難生存，削價競爭手不利台灣銀行產業發展，因此純網銀業者可以提供差異化的服務，增加用戶的黏著度，反而可以幫助產業正向發展。

她舉例，台灣有許多東南亞移工，這類客群使用傳統銀行行服務的便利度不高，加上工時關係，外出時間不多，如果純網銀可以補足這類服務到現有銀行接觸不到的客群，將會是差異化的最大亮點。

民營銀行業者也表示，在台灣，使用數位金融服務的客群對於品牌的忠誠度比較低，假設有另一個更好的平台出現，研發出友善的操作介面，提供更具吸引力的優惠條件，客戶資產轉移的速度會非常快。

這名業者進一步分析，台灣使用數位金融服務的客群「群聚力」很強，且非常習慣使用社群平台分享自己的使用心得與經驗，因此，業者必須花更多成本投入

客戶服務或擴充更多功能，並加強在地化的行銷策略，才能在這場大戰中獲得優勢。

創新服務與資訊安全 純網銀另一挑戰

依金管會公布純網銀設立審核項目及評分比率，占評分比重最高的營運模式可行性，細項包括有業務範圍與營運模式、業務經營模式創新與穩定性及客戶服務便利與安全性。民營銀行主管分析，純網銀要拚全數位化服務，未來資安的防護措施最「燒錢」。

Money101台灣董事總經理周純如表示，這項評分其中最重要的包括App操作介面的便利性、金融服務的流暢度等，這也是純網銀推動各項消費金融最大的考驗。周純如舉例，純網銀必須要票需要進行身分認證，雖然金管會將來擬開放以手機門號加上視訊就能線上辦戶，然而，轉帳額度、能否轉帳給其他人等業務是否受限、或是忘記密碼後取回密碼的方便性，以及能否流暢地滿足民眾外匯、貸款等相關需求，都會影響民眾是否該帳戶作為主要帳戶的意願。

再者，資策會資安所副主任田建維分析，純網銀最大的特色在於「服務完全網路化」，但最大的風險也在此，民眾對於完全無實體化的輔助、金融服務的身分疑慮、田建維表示，傳統銀行因為有土地、網、錢等資源，金融服務又可以依據客戶的需求作限制，且發生問題還是可以馬上找分行處理，但純網銀則不然，因此資安、風控一定要做的比銀行業者更完善。

他建議，純網銀必須有更嚴格的內部控管機制，建立發生錯誤、盜刷或存款歸零等意外事件時，必須要有適當的補償，可立即提供民眾申訴及追查源頭外，更要以高標準規範來保護民眾個資，及防止洗錢或恐怖組織融資。

許多金融從業人員都需要即時將新聞內容與發展現況整合後，向主管或客戶進行報告與說明。如何快速地整合新聞內容，簡明扼要、言簡意賅地做好報告，絕對令許多人感到苦惱，不是資料太多、太雜說不出重點，就是缺乏結構性的脈絡讓人掌握不了全貌。

這時候你不妨利用邏輯框架來快速組織出表達與報告的架構，再將對應的新聞內容摘要出重點放入架構中，就可以輕鬆完成一份報告；即使只用口頭表達，也能依循著這個架構簡要說出重點，一樣可以贏得主管與客戶的認同。

在瀏覽完這則新聞內容後，不難發現，內容包含了四個段落標題：

■ 純網銀執照申請現況與背景說明

- 純網銀是什麼？鯰魚效應鎖定年輕族群
- 純網銀拚搏傳統銀行，差異化服務是亮點
- 創新服務與資訊安全，純網銀另一挑戰

如果我們直接使用這四個段落標題來摘要內容的重點，會發生什麼事？

- 首先，報告與新聞內容相去不遠，只是節錄讓人感受不到專業性，也看不到個人觀點。
- 其次，我們的聽眾，包括主管與客戶，可能因為感受不到與他們的關聯，而不感興趣。
- 最後，當有更新的新聞內容，我們很難整合到原先的報告之中，無疑是重做一份報告，既耗時又缺乏整合性。

其實，運用邏輯框架就可以輕鬆解決這個問題。（見圖 3-31）

比如說，運用時間類型的「期間框架」可以從過去、現在、未來的觀點切入；運用空間類型的「距離框架」可以從國外純網銀、國內傳統銀行、國內純網銀的觀點切入；而運用情境類型的邏輯框架，則可以從「主題框架、議題框架與問題框架」這三種場景來切入。

比如說，我們可以組織出以下的報告架構：

① 期間框架：純網銀的歷史背景、目前純網銀的發展與影響、純網銀未來的挑戰。

② 距離框架：國外純網銀的發展、國內傳統銀行的影響、國內純網銀自身的發展與挑戰。

③ 主題框架：為什麼要純網銀、純網銀會如何影響民眾與傳統銀行、純網銀將會帶來什麼好處與挑戰。

④ 議題框架：純網銀有助於提升金融服務、純網銀帶來多方效益但也有挑戰、英美中的成功案例、純網銀是利大於弊的。

⑤ 問題框架：純網銀推行現況、推行後將會帶來的影響、純網銀面對的課題（客戶服務模式、拚搏傳統銀行、創新服務與資安）、具體相關對策。

圖 3-31｜三大類型、九種邏輯框架對應的場景與凸顯焦點

類型	框架	框架元素			場景（使用時機）	突顯焦點
時間	Period 期間	過去 現在 未來			趨勢變化、分段說明	—
	Phase 階段	短期 中期 長期			策略規劃、時程佈局	—
	Step 步驟	步驟一 步驟二 步驟三			流程計劃、步驟說明	—
空間	Scale 規模	大 → 小			產業研究、市場分析	—
	Far 距離	遠 → 近			地域比較	—
情境	WHW 主題	目的 關聯 效益			掌握全貌、建立關聯	關聯、效益
	PREP 議題	論點 理由 實例 重申			價值主張、提出訴求	論點、實例
	SCQA 問題	情境 衝擊 課題 對策			強調影響、問題解決	影響、課題
	STAR 課題	背景 任務 活動 成果			達標難度、成果價值	目標、成果

運用邏輯框架的好處是：除了新聞內容之外，還能加入我們的觀點，同時保有合乎邏輯的架構與擴充彈性；即使事件有進一步發展，也能輕鬆納入或調整原有內容而不需要變更架構。

當然，你可能會發現有些邏輯框架未必能找到充足與完整的內容。

比如說：問題框架中的「具體相關對策」在這則新聞內容中著墨不多；這時候，你可以進一步蒐集相關的資料與補充專家或個人的看法、當成提出討論的議題等，更能展現出你的專業與工作態度。

善用邏輯框架，就能輕鬆整合手邊的市場資訊、新聞素材；同時也能加入自己的觀點、補足內容缺乏的資訊，展現出你的專業能力，讓主管與客戶都對你刮目相看。

將視覺優化：從資料、資訊到洞見展現的視覺化過程

視覺化設計在簡報中的目的，是為了讓對方更容易理解你想傳達的訊息。

在這個資訊超載的時代，透過網路，每分鐘都有新的資料出現，在谷歌（Google）與人工智慧的協助下，蒐集資料不再是件困難、有價值的事，人人都可以輕易做到。大多數工作者所面臨的困難，是如何快速消化這些大量資料、如何將這些資料整合為有意義的資訊，或是帶有個人觀點的洞見。

在高科技產業與大型企業裡，專業分工愈來愈細，彼此協同合作的機會也愈來愈多，在進行跨域溝通時，如果不能將整合後的資訊與洞見，轉化為對方能夠理解的語言，就無法有效的溝通。

本章教你：

⊕ 視覺化溝通的演算法
⊕ 化繁為簡的系統化做法：在簡潔與繁雜之間取得平衡點
⊕ 大量文字的化繁為簡，讓訊息一目了然
⊕ 讓數據說話，更要說一個打動人心的好故事
⊕ 簡報健檢與微整型，輕鬆整合、優化不費力

01 視覺化溝通的演算法

　　人類是視覺的動物，比起文字，大腦更擅長處理圖像，大腦吸收圖像的速度，比吸收文字快 6000 倍。在製作簡報或報告時，可多利用圖像視覺化的方式，簡化複雜的資訊，使資訊易於閱讀、理解，好溝通。

　　將資料視覺化時沒有特定方式，根據資訊內容的多寡、知識領域的不同、受眾背景的差異，都會影響視覺化時的呈現方式；一般來說，文字、圖像、圖表、圖示、圖解或影像等都是常使用的。

　　目前，在職場上，視覺化愈來愈重要，有三個原因讓視覺化漸成主流：

❶因為大家都這麼做

　　我們的生活周遭充滿著視覺化的內容。像是行動裝置的操作介面、商場的廣告與引導圖示、社群媒體的各式行銷文宣，這些視覺化應用，無形中提高了我們對於視覺化標準的門檻。

　　多媒體軟體的發達，也使得做出高水準視覺化的呈現不再是件難事，即使你不懂美工也能輕鬆做出水準之上的作品。現在的趨勢是沒有視覺化，或是水

準不夠好，可能就無法引起我們的興趣。

❷資料量龐大又複雜

資訊科技的發展，使得即時產生的資料量愈來愈龐大，各式各樣的複雜資料都可以被蒐集到，但我們無法很直覺地從資料中觀察出有價值的資訊與線索，所以必須透過視覺化來展現出趨勢、變化與異常。

透過圖表讓抽象概念得以具象視覺化，讓人容易理解，比如說颱風走勢預測圖。視覺化可以將大量資訊區分出層次，讓受眾掌握資訊讀取的先後順序，使我們得以將希望傳達的訊息，讓對方第一眼就看到。

❸對內容真正的理解

愛因斯坦曾說過：「如果你沒辦法簡單說明，代表你了解得不夠透徹。盡可能簡化事情，但不是簡略。」

這段話點出了視覺化的價值：代表你真的懂了。

如果我們能夠簡潔地透過視覺化方式呈現，正意味著真正瞭解想要傳達的內容。比如說，在介紹行動支付時，可以用一段影片或一張圖片讓受眾理解；也可以告訴大家，這就像是用手機來刷卡，就是用借喻的方式來讓受眾在腦中產生視覺化的畫面。

理想的視覺化呈現應該是什麼模樣？

對於職場工作者來說，我認為理想的視覺化呈現應該要做到三件事：

- ■ 一眼看出重點，讓對方清楚接收到你想傳達的關鍵訊息
- ■ 一眼看完內容，減少對方在接收訊息時的理解負荷
- ■ 一眼看出專業，讓對方感受到視覺上的質感與專業價值

要做到這三件事，關鍵就在於點（焦點）、線（視線）、面（畫面）這三個環節。

我們常聽到要將內容化繁為簡，指的是「簡化」內容讓人好理解，而不是「簡略」內容讓人摸不著頭緒；重點不在於資訊量的多寡，而在於資訊量的層次，**讓人一眼看出重點、一眼看完內容、一眼看到專業。**

一眼看出重點，透過資訊降噪來凸顯焦點

有沒有想過，當你將一張投影片投放出來時，你希望對方第一眼看到的訊息是什麼？而對方第一眼看到的訊息又是什麼？這兩者必須是相同的。

比如說，在「台灣粗出生率與平均壽命趨勢」中，你最先注意到的是什麼呢？（見圖 4-1）

圖 4-1 │ 台灣粗出生率與平均壽命趨勢

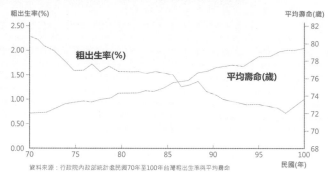

你可能第一眼注意到的是標題「台灣粗出生率與平均壽命趨勢」，又或者注意到「有兩條線」存在，也可能是發現了「兩條線在中間出現了交叉反轉」的走勢。

甚至你會告訴我，第一眼注意到的是資料來源的部分。

嗯，這與每個人的視覺習慣有關。我想告訴你的是「**人的視線焦點未必像你想的理所當然**」。

所以，如果我想讓你第一眼看到的是「中間的交叉點」這個訊息，又該怎麼做，才能確保你第一眼看到的就是這個訊息呢？

一般來說，我們會透過「**降噪**」的方式，來凸顯希望對方看到的資訊。（見圖 4-2）

所謂降噪，就是「**減弱雜訊的存在感**」來減少讓對方注意到這些資訊的機率（對方的視覺習慣仍有可能注意到其他地方），有三種方式可以做到：

- 弱化雜訊，來凸顯重點
- 強化重點，來凸顯重點
- 雙管齊下，弱化雜訊、強化重點

圖 4-2 ｜運用「降噪」來凸顯重點的三種方式

降噪，一眼看到重點

你希望對方第一眼看到的訊息是什麼？而對方第一眼看到的訊息又是什麼？

▶ **弱化雜訊，來突顯重點。**
▶ **強化重點，來突顯重點。**
▶ **雙管齊下，弱化雜訊、強化重點。**

1. 字型、大小、顏色的對比
2. 色塊遮罩的運用
3. 動畫的順序與效果
4. 將重點直接寫在標題中

怎麼做到強化重點、弱化雜訊呢？

可以透過字型／大小／顏色的對比、色塊遮罩的運用、動畫的順序與效果，以及很有效的一種方式：**訊息式標題**，將訊息直接寫在標題中。

回到前面這個案例，我們可以用紅色粗線來強化「平均壽命」曲線，來凸顯人口的平均壽命逐年提升（見圖 4-3 左）。或是分別用紅色粗線強化「平均壽命」曲線、藍色粗線強化「粗出生率」曲線，再將訊息寫在標題中來傳達台灣人口老化的現象（見圖 4-3 右）。

圖 4-3 ｜強化重點、弱化雜訊，讓訊息傳達更為清晰

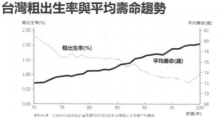

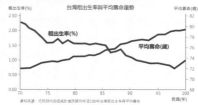

如果你希望傳達的訊息是「台灣人口老化趨勢」，那麼右圖會是比較好的選擇，可以讓大多數的人在第一眼就接收到這個訊息。

一眼看完內容，利用版面配置來引導視線

你有沒有想過一件事：看完一張投影片，你的視線移動的軌跡如何移動？

人的視線軌跡在自然的習慣下，會是由左至右、從上而下，或是順時針的走向。但是這個習慣是可以被改變的，比如說圖像比文字更具吸引力、動畫出現的順序、數字符號的理解習慣，都可以改變一個人的視線軌跡；當然，個人的閱讀習慣也會影響視線軌跡，比方說，分析師可能習慣先看標題，然後是資料來源，再來才是圖表說明與相關內容。

姑且不考慮個人閱讀習慣的差異，我們在進行版面的配置時，盡量依循自然的視線軌跡習慣，也就是會是由左至右、從上而下，或是順時針的走向。

　　如果你希望對方按照你期望的方式觀看內容，那麼你就得思考如何引導對方的視線？同時，也要注意減少對方的眼球移動次數，這是為了降低認知注意力的損耗，避免隨著投影片播放產生認知疲勞，而失去了專注力。最理想的情況：**我希望你能一眼就看完。**

　　職場工作者常用的版面排版方式，只需要記得以下兩種：（見圖 4-4）

- 並列（水平並列、垂直並列、水平垂直混和）
- 左右（左圖右文、左表右文）

圖 4-4｜常用的版面排版方式：並列、左右

一眼看出專業，藉由視覺原則來優化質感

　　透過資訊降噪，讓對方一眼看到重點；透過版面排版，讓對方一眼看完內容。除此之外，我們也希望讓整體的視覺化看起來夠專業、有質感。

要做到這一點，關鍵不在於你懂不懂得設計技巧，或者是否具備天生美感，當然這些肯定有助於你做出與眾不同的視覺化效果。

我認為，關鍵是在於簡報是否有展現出「整體性」與「一致性」，也就是讓每張投影片的元素有整體性，而不是散落在畫面上的眾多元素；讓一份簡報的所有投影片保有一致性，而不是看起來漂亮但是風格迥異、不像同一個人做的眾多投影片。

我們可以藉由一些視覺原則來做到這一點，進而優化整份簡報的視覺化質感與專業度。

這些視覺原則源自於設計理論中的**格式塔法則**，運用在簡報中可以整理為以下五項原則，包括：

■ 留白：邊框的留白就能大幅提升質感；做好、做滿在畫面上會形成壓迫感。

■ 對齊：你可以想像整個畫面就是一張方格紙，畫面上的元素，依照格線盡可能的對齊。

■ 對比：為了創造出資訊的層次感，透過元素大小、顏色深淺來創造出相對層次。

■ 親密：讓畫面上的元素有明顯的群組化的區塊來區隔。

■ 重複：將以上四項原則以相同的規格，套用到每一張投影片中。

一張投影片中包含三個元素：標題、內容與關鍵訊息。（見圖 4-5）

圖 4-5 ｜運用五項視覺原則提升畫面上的質感

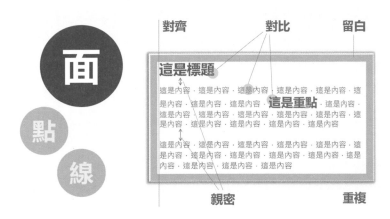

在資訊傳達的順序上，通常會是「標題＝關鍵訊息＞內容」，因為不確定對方會先看到標題、還是關鍵訊息？我會建議採用兩者結合的方式，也就是訊息式標題，來確保對方第一眼一定會接受到關鍵訊息。

02 | 化繁為簡的系統化做法：在簡潔與繁雜之間取得平衡點

　　凱文，是一位在金融公司負責市場行銷的員工。

　　這天早上，凱文一進公司，主管隨即過來跟他說：「半個小時後，蒐集一下中美貿易戰的相關進展，向我報告。」

　　「喔，又是這麼突然。」凱文心想著。很快地，凱文打開了電腦，熟練的用 Google Search 打入『中美貿易戰』、『影響』、『分析』幾個關鍵字，畫面上立馬出現一連串相關的文章。

　　「哈，搞定。」凱文瀏覽了一下這些文章的標題與來源，迅速挑了幾篇打開來看，然後熟練地選取、複製，然後貼上在簡報上，半個小時後，凱文進到會議室很快地向主管進行了簡報。

　　場景是不是很熟悉？或許正在看這本書的你，同樣熟練地使用「搜尋」、「複製」和「貼上」完成每天頻繁的簡報工作。現在是網路時代，每天都有數

以萬計的資訊被放上網路，一個新聞事件發生不用半天，網路上就有豐富的新聞評論、懶人包等，不須花費太多力氣，就可以享用這些資訊。

太方便了，不是嗎？

我們缺的不是資訊，而是整合後的見解

資料的蒐集需要持續地習慣，持續地蒐集、內化，整理出自己的資料庫，想到再做，肯定是來不及的。

或許，你跟凱文一樣，是個資料搜尋的高手。即便是主管剛剛才交代的任務，也能在短時間內蒐集到豐富的資料。豐富但不夠完整，更沒有自己整合消化後的見解，是現在許多職場工作者的通病。因為網路搜尋的功能不斷地進步，造就了速食簡報的盛行，而看簡報的人未必在網路上看過這些資訊，或許會認為這就是你做的，也就不以為意；時間一久，我們缺少了消化資料的能力。

「反正網路都有嘛，搜尋一下很快就有別人整理好的資料……」當你這麼想的時候，就已經陷入資料蒐集的盲點了。

這是你的資料，還是別人的？這些資料都是真實無誤的嗎？

資料的蒐集、解讀，會因為目的不同、時間不同以及立場不同，出現完全不一樣的結果。當我們在進行完資料蒐集，進一步解讀資料時，最好用三種觀點來檢視看看。

這三種觀點就是：**自己的觀點、他人的觀點**，以及**世界的觀點**。

像是臉書、微博等大型的社群網路或是論壇，不難找到別人對於資訊的看法與見解，這是「他人的觀點」；透過 Google 或其他搜尋引擎所找到的資料，則是屬於「世界的觀點」，當然這裡有時需要國內外的資料作輔助，以避免單一來源容易造成「一言堂」的偏頗言論，尤其是有關社會或是政治議題時，特

別要注意。最後是「自己的觀點」，透過長期持之以恆的資料蒐集、資料消化並內化成自己的東西。

當你在準備資料時，若能以這三種觀點去檢視整理出來的資訊，自然就會較為客觀以及全面。

如果可以簡單，誰想要複雜？我們只是希望努力被看到

職場工作者的時間都是有限的，如果你說起話來東拉西扯，想表達的內容就會迷失在他們每天要應付的資訊洪流中。即使你的內容真的有價值，如果沒有引起注意，也就失去了意義。

我們都懂這個道理，但有時候仍然做不到。為什麼？因為我們都希望自己的努力被看到。

「如果只呈現精簡後的內容，會不會讓主管或同事覺得：其實我沒有花太多時間在內容上？」

「我哪知道主管要的是什麼？他又沒有跟我說，反正我把所有蒐集到的資料都附上去就好了。」

這是多數人對於簡報內容該不該化繁為簡的兩個迷思：

■ 擔心對方用內容的多寡來衡量我們投入的時間與努力。
■ 擔心會不會沒有準備到對方想聽的，於是將所有資料一股腦地放入簡報中。

我想，你該修正這樣的觀念了。

首先，我想從幾個面向讓你知道，關於「化繁為簡」的本質意義：

■ 注意力短缺的時代，說得愈少、影響愈大。
■ 精簡不是運用最少的時間，而是在僅有的時間內做最極致的發揮。
■ 關鍵在於內容的清晰、簡潔、吸引力完美的平衡。

你希望呈現給受眾什麼樣的景色？

資訊的視覺化，可以想像成一個金字塔，包含了三個階段。（見圖 4-6）

圖 4-6 ｜資訊視覺化的三個階段

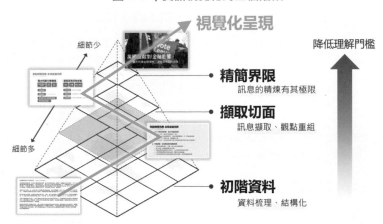

- ■ 階段一、初階資料：在金字塔的底端，是將蒐集來的文字或數據資料經過簡單的梳理與結構化後，直接呈現出來。
- ■ 階段二、擷取切面：在金字塔中間的切面，是簡化後的資訊擷取，也就是從初階資料中擷取訊息，再根據自己的觀點重新組合。
- ■ 階段三、精簡極限：愈往金字塔的頂端移動，所保留的細節也就愈少，愈偏向圖像化的視覺化呈現，也就愈能降低理解的門檻。

金字塔的頂端就是將訊息精簡到只剩下主題，如果只呈現一個主題而沒有任何的說明，相信受眾是不太可能知道內容在說什麼的。

所以，訊息的精煉化是有其極限的，可能是靠近金字塔頂端的某一切面，所包含的內容還足以讓受眾理解。在下圖中，你可以清楚地看到從「**初階資料**」到「**精簡界限**」的各種視覺化呈現結果。

將內容訊息化繁為簡的過程，可以想像為當你站在台北 101 的不同樓層，

看到的景色細節也會不同，愈往高樓層看到的細節愈少，但相對更能掌握全貌；而愈往低樓層看到的細節愈多，但相對僅能描繪出局部的樣貌。

如果你希望簡要地說明台北 101 周遭的街景，站在高樓層會是比較適當的選擇。（見圖 4-7）

圖 4-7｜內容訊息的化繁為簡，取決於希望展現的高度

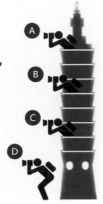

同樣的景色，看到的細節與重點不同，描述的方法也不同。

即使同樣高度，感受也因人而異。

對於每個人來說，即使是相同的資料來源，組成這個金字塔的結構也會大不相同；這是因為在精簡訊息與視覺化的過程中，會根據個人的理解與觀點重新呈現內容。

即使是站在相同樓層，兩個人對於所見景色的理解與詮釋也會大不相同；同樣的景色，看到的細節與重點不同，描述的方式也會不同，所以所展現出來的視覺化呈現也會有所不同。

而你，又希望呈現給對方什麼樣的景色呢？

03 | 大量文字的化繁為簡，讓訊息一目了然

文字型的報告內容可以說是所有簡報的基礎，工作場景中的簡報有近八成的內容都是屬於這類；像是工作報告、會議簡報或是作為正式提案前的書面簡報等等。

我們都知道視覺化的內容，可以降低理解的門檻，但真正讓人有記憶的仍是文字。所以，如何在文字與圖像之間保持一個平衡，就是文字型內容的視覺化重點。

- 在台上報告時，應該在簡報上呈現多少比例的文字內容？
- 沒有機會口頭報告時，又應該在簡報上附上多少說明文字？
- 如果這些情況同時有可能發生，又該如何準備呢？

這些問題總是困擾著職場工作者，又未必有充足的時間重新製作簡報。

結果就是一份簡報用到底，不是字太多讓人不知道該看簡報、還是聽你講；就是字太少，讓人不聽你說明，就搞不清你到底想表達什麼。

面對這些情況，我的建議是：**永遠做好沒機會上台的打算，來準備你的簡報。**

換句話說，做出對方直接看也能瞭解的書面簡報。

話雖如此，仍需要在簡報裡區別出關鍵訊息與輔助說明的層級。如果有機會上台報告，只要把輔助說明的內容視情況刪除掉即可。這是我過往在面對各種簡報場景時，所使用的一種應變機制，可以在負擔最少的情況下，創造最大的簡報效果。

使用條列式不好嗎？少了層級與關聯，就只是流水帳而已

說到文字內容的呈現，很多人會使用條列式來表現，這在許多企業仍是最被廣為使用的一種方式。好處是簡明扼要的列出重要資訊、清晰易懂，配合動畫也能加深簡報對象的印象，再搭配簡報講者的補充說明，就可以讓所有人感受到內容的完整性。

但是，近年來愈來愈多人反對使用條列式。

最著名的莫過於亞馬遜有個規定：**簡報不准用條列式。**為什麼？因為亞馬遜的思維是：**「說明資料的內容即使在事後重讀時，也一樣能夠理解。」**

當你在會議上進行報告，而與會者對於條列內容的解讀不同，或是忘了簡報者說過什麼，會後可能就會產生爭議，甚至導致後續的行動沒有共識，這是所有企業所不樂見的。

這也點出了使用條列式的缺點：**缺乏結構性。**當我們沒有考慮到資訊的層次與關聯性，只是單純地想到什麼就寫什麼，就變成了沒有結構的流水帳了。

當條列式超過五項，彼此間又缺乏明確的關聯性時，就會像是流水帳，聽完就忘了。（見圖 4-8）

圖 4-8 ｜缺乏結構的條列式排版，看起來就像流水帳

可攜式設備與儲存媒體管理

- 私人之可攜式設備禁止連結中心公務網段，包括OA區、開發區、測試實驗室。
- 中心密級（含）以上之資訊禁止儲存於私人之可攜式設備與儲存媒體。
- 密級（含）以上之資訊禁止未經加密儲存於中心配發之可攜式儲存媒體，若屬檔案交換用途，應於交換後立即刪除。
- 於機房使用可攜式設備與儲存媒體必須經申請核准方可使用，並填寫機房可攜式設備與儲存媒體使用申請表。
- 中心配發之可攜式設備與儲存媒體禁止儲存非法之資料。
- 利用電腦設備讀取可攜式儲存媒體資料時，須確保病毒防護程式已啟動。

　　改善方法就是縮減條列式的列點數，將上圖 4-8 的原列點文字歸納整理，整合為二到三個類別，將列點項目重新分類為「私人性」、「中心配發」、「共通性」，區隔出資訊的層次。在同一個類別下，不僅強化了條列式彼此的關聯，也減少了條列式數量，讓人更容易理解。（見圖 4-9）

圖 4-9 ｜重新歸類後的條列式內容更好理解

可攜式設備與儲存媒體管理

▎私人之可攜式設備與儲存媒體
- 禁止連結中心公務網段，包括OA區、開發區、測試實驗室
- 禁止儲存中心密級（含）以上之資訊

▎中心配發之可攜式設備與儲存媒體
- 禁止儲存非法之資料
- 禁止未經加密儲存密級（含）以上之資訊；若屬檔案交換用途，應於交換後立即刪除

▎使用注意事項
- 於機房使用可攜式設備與儲存媒體必須經申請核准方可使用，並填寫機房可攜式設備與儲存媒體使用申請表。
- 利用電腦設備讀取可攜式儲存媒體資料時，須確保病毒防護程式已啟動。

另一種條列式常見的問題，是錯誤設定資訊之間的關係。（見圖 4-10）

以下內容是在說明名詞統一的對照關係，使用條列式給予上下層級的關係，但實際上，這些資訊應該是對比關係會更為貼切。

圖 4-10 ｜錯誤設定資訊之間的關係，重點無法一眼看出

名詞統一注釋

- 使用**資通安全**（**Cybersecurity**）代替
  - 網路安全（Cyber security）
  - 電腦安全（Computer security）
- 使用**工業控制系統** （**Industrial Control Systems, ICS**）代替
  - 儀控系統（Instrumentation and Control, I&C）
  - 監控與數據擷取系統（Supervisory Control and Data Acquisition, SCADA）
  - 營運技術（Operations Technology, OT）
- 使用**資通訊技術**（**Information and Communications Technology, ICT**）代替
  - 資訊技術（Information Technology, IT）

我們可以運用表格來區隔出對比的關係，同時縮小英文名詞的字型比例，好讓簡報對象第一眼的視覺焦點放在想強調的「中文名詞對照」。（見圖 4-11）

圖 4-11 ｜運用表格來規劃文字內容的空間是個很有效的視覺化做法

名詞統一注釋

統一使用	原始名詞
資通安全 (Cybersecurity)	• **網路安全** (Cyber security) • **電腦安全** (Computer security)
工業控制系統 (Industrial Control Systems, ICS)	• **儀控系統** (Instrumentation and Control, I&C) • **監控與數據擷取系統** (Supervisory Control And Data Acquisition, SCADA) • **營運技術** (Operations Technology, OT)
資通訊技術 (Information and Communications Technology, ICT)	• **資訊技術** (Information Technology, IT)

化繁為簡的關鍵，不在於資訊量的多寡，而在於資訊呈現的層次

多數人說到化繁為簡，就是文字愈少愈好，而且盡量以視覺化的圖像來呈現。

這樣的說法，在大多時候是對的，但是在有些報告場景中做不到。

舉例來說，簡報的對象可能不希望你刪減文字的內容、可能文字內容本身就無法進行刪減，像是法律條文、與會者名單或是引用的文章內容。那麼，在不刪減內容的情況下，又該如何讓這些文字內容可以一目了然呢？

其實，化繁為簡的目的是為了降低理解的門檻，而減少資訊量只是其中一種方式，目的也是為了讓畫面中元素的層次能夠明確可辨。

所以，當需要呈現的資訊量很龐大，又受限於必須盡可能完整地保留下來時，我們該考慮的是：**如何讓這些資訊的層次能夠清楚的區別出來？**

實例

我們來看一個案例，就能讓你更清楚如何透過「層次」來讓資訊有更好的理解。

老吳的公司每個月都會舉辦讀書會，這個月輪到了老吳分享，特別挑選了《OKR 工作法》這本書，切合時下最熱門的企業管理話題。

在讀書會報告的一開始，老吳準備了一張投影片，簡要介紹了這本書中的內容。（見圖 4-12）

圖 4-12 ｜老吳為讀書會報告準備的開場投影片

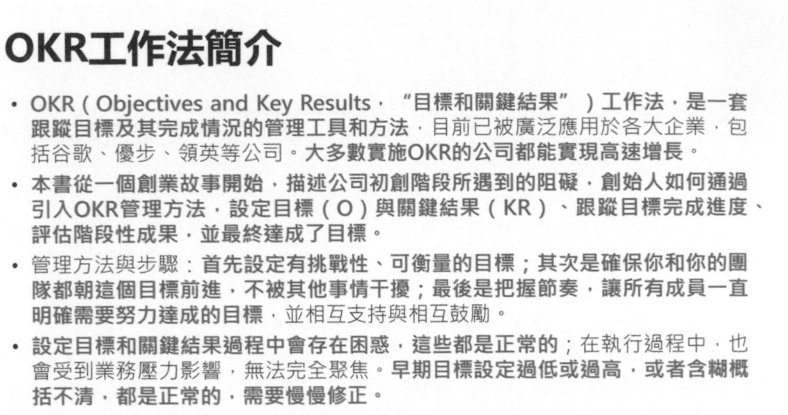

OKR工作法簡介

- OKR（Objectives and Key Results，"目標和關鍵結果"）工作法，是一套跟蹤目標及其完成情況的管理工具和方法，目前已被廣泛應用於各大企業，包括谷歌、優步、領英等公司。大多數實施OKR的公司都能實現高速增長。
- 本書從一個創業故事開始，描述公司初創階段所遇到的阻礙，創始人如何通過引入OKR管理方法，設定目標（O）與關鍵結果（KR）、跟蹤目標完成進度、評估階段性成果，並最終達成了目標。
- 管理方法與步驟：首先設定有挑戰性、可衡量的目標；其次是確保你和你的團隊都朝這個目標前進，不被其他事情干擾；最後是把握節奏，讓所有成員一直明確需要努力達成的目標，並相互支持與相互鼓勵。
- 設定目標和關鍵結果過程中會存在困惑，這些都是正常的；在執行過程中，也會受到業務壓力影響，無法完全聚焦。早期目標設定過低或過高，或者含糊概括不清，都是正常的，需要慢慢修正。

看到這裡，你發現這張投影片出了什麼問題嗎？

「字太多了。」

「標示重點的部分比不是重點的還多，失去了標示的意義。」

「好像⋯⋯抓不到重點？」

這些都沒錯，也許你可以指出更多需要改善的地方。

這張投影片的呈現方式，其實反映了大多數人製作投影片都會遇到的問題，可能是對於書中的內容還沒有完全的消化，用自己的話說出；也可能是書中的內容的確很龐大，要在一張投影片中簡要的介紹，這已經是最大程度的精簡，如果字再少一些，恐怕你會感到不自在、怕會忘了該說什麼。

與其說這是給簡報對象看的，不如說是準備給自己的提稿詞。

但請別誤會我的意思，我並沒說這樣不好，事實上許多工作場景中的簡報，並不要求我們都要做到視覺上的完美，更重要的是能有效率地達成目的。如果

保留更多資訊可以讓簡報者好說明、簡報對象好理解，這並沒有什麼問題。工作場景中的簡報，是以解決問題為優先目的，如果能創造好的視覺與聽覺體驗，那當然更好，但千萬不要本末倒置。

只不過這張投影片，我們可以做得更好：**讓簡報者更好說明，而聽眾也更容易理解。**

怎麼做呢？只要把每一段的重點摘出來，建立新的層次就好。

步驟❶ 摘出文字重點

回過頭來看看這一張投影片，將每一段的重點摘出來：（見圖 4-13）

■ 大多數實施 OKR 的公司都能實現高速增長

■ 本書從一個創業故事開始……最終達成了目標

■ 管理方法與步驟

■ 設定目標和關鍵結果過程中會存在困惑

圖 4-13 │ 摘出內容的重點，建立新的層次

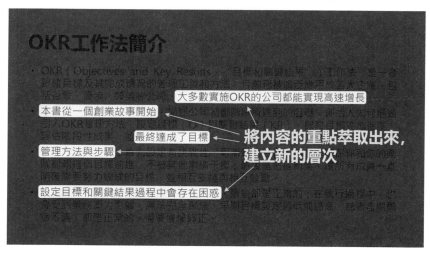

步驟❷ 建立新層次

接下來，我們要利用這些重點建立出新的層次。但在這之前，必須將這些重點修飾為完整的句子、刪除贅字，讓內容更好懂。經過整理，新標題如下：

- 多數實施 OKR 的公司都能實現高速增長
- 透過一個創業故事，描述如何導入 OKR 最終達成目標
- 關於 OKR 管理方法、步驟與可能的阻礙

透過摘重點、建立新層次，重新把這張投影片從原本的一個層次，整理為兩個層次的條列資訊。（見圖 4-14）

圖 4-14 ｜重新建立層次的條列式投影片，讓訊息傳遞更一目了然

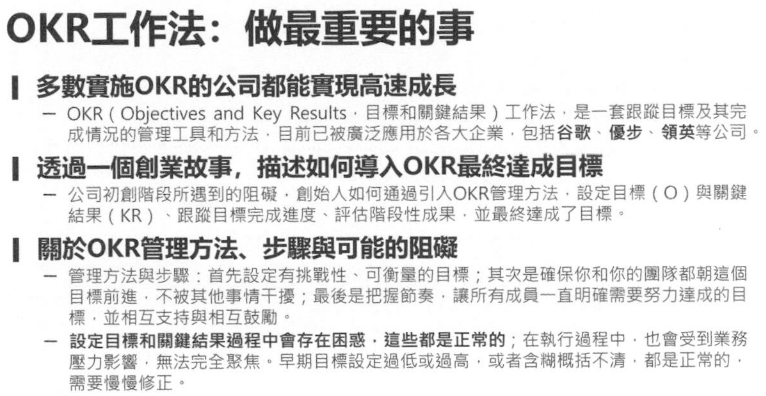
OKR工作法：做最重要的事
多數實施OKR的公司都能實現高速成長
– OKR (Objectives and Key Results，目標和關鍵結果) 工作法，是一套跟蹤目標及其完成情況的管理工具和方法，目前已被廣泛應用於各大企業，包括谷歌、優步、領英等公司。
透過一個創業故事，描述如何導入OKR最終達成目標
– 公司初創階段所遇到的阻礙，創始人如何通過引入OKR管理方法，設定目標 (O) 與關鍵結果 (KR) 、跟蹤目標完成進度、評估階段性成果，並最終達成了目標。
關於OKR管理方法、步驟與可能的阻礙
– 管理方法與步驟：首先設定有挑戰性、可衡量的目標；其次是確保你和你的團隊都朝這個目標前進，不被其他事情干擾；最後是把握節奏，讓所有成員一直明確需要努力達成的目標，並相互支持與相互鼓勵。
– 設定目標和關鍵結果過程中會存在困惑，這些都是正常的；在執行過程中，也會受到業務壓力影響，無法完全聚焦。早期目標設定過低或過高，或者含糊概括不清，都是正常的，需要慢慢修正。

步驟❸ 運用設計原則強化視覺

最後，運用留白、對齊、對比、親密這些基本的設計原則，加強視覺體驗，而且做這些花不了你多少時間，但卻是很重要的細節。四個可以運用的設計原則分別說明如下：

- 留白：投影片邊框的留白，可以讓整體質感有加分效果，也能消除壓迫感。

- 對齊：相同層級的資訊，留意左右的對齊；對齊能創造視覺的秩序感。
- 對比：運用字型大小、顏色、深淺來讓資訊的層次區隔出來，讓人一眼就看到重點。
- 親密：不同段落之間的行距，應該明顯大於段落之內的行距，讓人可以清楚分辨出投影片中有三個主要段落，而不是好幾個條列式。親密與對比，同時使用更能創造出層次分明的效果。

大部分文字型的內容，都可以運用這種方式來使用資訊的層次更為分明，以降低簡報對象的理解門檻。如果段落中抓不出重點，那麼我們可以用一句話來說明，用這一句話作為新的層次。

文字型內容再進化：找到視覺化的甜蜜點

前面所說的是在「不刪減」或是「盡可能保留」資訊量的條件下，你可以採取的視覺化技巧。

但是現實中，我們拿到的資料不見得都是整理好條列的摘要，更多的可能是文章型態的資料，而且大部分內容不需要呈現在簡報裡，我們只需要擷取重點即可，這時候該怎麼做？又該將內容精簡到什麼程度才足夠？如果摘出來的資訊過少，如何排版讓投影片的視覺有效傳遞訊息，是我們要掌握的。

接下來，我將用一個案例來告訴你，如何將文字型內容展現出各種視覺化的型態，從一篇文章轉化為條列、圖解或圖像化的視覺化技巧。

實例

這是我在一場銀行業者培訓中所使用的案例，一篇關於「行動支付的未來」的文章，雖然現在行動支付很普及，不過在當時要讓大眾理解這些「未來的」應用場景，的確需要一些技巧和視覺化的輔助，幫助受眾理解。（見圖 4-15）

圖 4-15 │一篇「行動支付的未來」的文章內容

行動支付的未來

在台灣使用非現金支付的風氣還不算非常盛行，因此如果行動支付要能蓬勃發展，首先得先要讓台灣消費者有電子支付的習慣；其次，由於電子支付大量運用 NFC 功能，因此支援行動支付的 NFC 手機如果越來越普及，那麼消費者使用行動支付就更方便了；最後是商家使用的信用卡機也得支援 payWave 感應式讀卡功能，目前不論是 MasterCard 或是 Visa 皆大力推廣行動支付，預估明年開始行動支付版圖將會漸漸成長。

對於一般消費者而言，如果行動支付發展成熟，你可以想像這樣的場景，出門時不必再三檢查手機和錢包是否帶齊，只要記得帶手機出門；到麥當勞、肯德基或是摩斯漢堡買一份早餐用手機「嗶」一下付款取餐；搭捷運或公車時拿出手機在刷卡機上感應就行；中午可以和同事朋友利用手機訂餐，當然不需要用現金付款，只要透過手機裡的信用卡就可以；下班時不想要在大眾運輸上人擠人，搭搭 UBER 或是平常的計程車也可以直接用手機付款；減少了現金支付找零收發票的流程，讓付款更快速也更方便。

　　這類文章型的資訊內容，其實只要運用留白、對齊、對比與親密等設計原則，就能簡單的營造出質感，至少做到了整齊清晰，但對於增進理解，我們其實還可以做得更多。

步驟❶　理解內容結構

　　面對這類的資訊內容，我們要做的第一步，就是先理解內容的組成結構：此例包含了兩個段落，在每個段落之中又各自包含了幾條資訊。

　　在這兩個段落分別談的是「行動支付的現況與發展趨勢」與「行動支付成熟後的應用場景」這兩件事，我們可以用「發展趨勢」與「應用場景」作為新的層次。比起原先的投影片，即使不刪除任何文字，已經能讓受眾更快接收到內容所要傳達的訊息。（見圖 4-16）

圖 4-16 ｜ 將文字內容劃分出新的層次

行動支付的未來

發展趨勢

在台灣使用非現金支付的風氣還不算非常盛行，因此如果行動支付要能蓬勃發展，首先得先要讓台灣消費者有電子支付的習慣；其次，由於電子支付大量運用 NFC 功能，因此支援行動支付的 NFC 手機如果越來越普及，那麼消費者使用行動支付就更方便了；最後是商家使用的信用卡機也得支援 payWave 感應式讀卡功能，目前不論是 MasterCard 或是 Visa 皆大力推廣行動支付，預估明年開始行動支付版圖將會漸漸成長。

應用場景

對於一般消費者而言，如果行動支付發展成熟，你可以想像這樣的場景，出門時不必再三檢查手機和錢包是否帶齊，只要記得帶手機出門；到麥當勞、肯德基或是摩斯漢堡買一份早餐用手機「嗶」一下付款取餐；搭捷運或公車時拿出手機在刷卡機上感應就行；中午可以和同事朋友利用手機訂餐，當然不需要用現金付款，只要透過手機裡的信用卡就可以；下班時不想要在大眾運輸上人擠人，搭搭 UBER 或是平常的計程車也可以直接用手機付款；減少了現金支付找零收發票的流程，讓付款更快速也更方便。

步驟❷ 拆解內容

然後，我們將內容進一步拆解。

這裡的原則就是「拆文成段、拆段成條」，直到資訊內容成為一項項的條列資訊後，我們才能得以重新結構化。（見圖 4-17）

在第一個「發展趨勢」的段落中，拆解為「現況」與「發展關鍵」與對應的條列資訊；而在第二個「應用場景」的段落中，拆解為「減少金融工具攜帶」與「提高支付過程效率」與對應的條列資訊。

圖 4-17 ｜將資訊內容拆解為條列式

行動支付的未來

發展趨勢

- 現況
  - 在台灣使用非現金支付的風氣還不算非常盛行。
  - 目前不論是 MasterCard 或是 Visa 皆大力推廣行動支付，預估明年開始行動支付版圖將會漸漸成長。
- 發展關鍵
  - 首先得先要讓台灣消費者有電子支付的習慣。
  - 其次，由於電子支付大量運用 NFC 功能，因此支援行動支付的 NFC 手機如果越來越普及，那麼消費者使用行動支付就更方便了。
  - 最後是商家使用的信用卡機也得支援 payWave 感應式讀卡功能。

應用場景

- 減少金融工具攜帶
  - 出門時不必三檢查手機和錢包是否帶齊，只要記得帶手機出門。
  - 搭捷運或公車時拿出手機在刷卡機上感應就行。
- 提高支付過程效率
  - 到麥當勞、肯德基或是摩斯漢堡買一份早餐用手機「嗶」一下付款取餐。
  - 中午可以和同事朋友利用手機訂餐，當然不需要用現金付款，只要透過手機裡的信用卡就可以。
  - 下班時不想要在大眾運輸上人擠人，搭搭 UBER 或是平常的計程車也可以直接用手機付款。
  - 減少了現金支付找零收發票的流程，讓付款更快速也更方便。

現在看來還不賴，比起原先的投影片，資訊的層次更清楚了，對於受眾來說，閱讀起來更容易理解了。但資訊的結構似乎有些不對稱，你發現了嗎？

步驟❸　注意敘事邏輯

即使在一張投影片中，我們也必須留意敘事架構的邏輯，也就是你如何說明一件事？

在這裡，發展趨勢與應用場景之間，缺乏了銜接的樞紐點，所以會讓內容看起來像是陳列資訊的流水帳。要解決這個問題，就必須重新檢視資訊內容的「關聯性」是什麼？我認為在這篇文章的內容中，關鍵點是「如何普及」，應該將這部分抽取出來成為一個層次，以凸顯問題點是什麼。

在以個人觀點來解讀訊息的重要性與關聯性後，我認為可以用現況（發展程度）、問題（發展瓶頸）與效益（應用場景）這三個構面來說明，會更符合敘事架構的邏輯性，來凸顯解決「問題」的價值性與願景。

我們可以將資訊以這三個構面重新組織。（見圖 4-18）

圖 4-18 ｜ 重新組織資訊呈現的層次

行動支付的未來

發展現況
- 在台灣使用非現金支付的風氣還不算非常盛行。
- 目前不論是 MasterCard 或是 Visa 皆大力推廣行動支付，預估明年開始行動支付版圖將會漸漸成長。

普及關鍵
- 首先得先要讓台灣消費者有電子支付的習慣。
- 其次，由於電子支付大量運用 NFC 功能，因此支援行動支付的 NFC 手機如果越來越普及，那麼消費者使用行動支付就更方便了。
- 最後是商家使用的信用卡機也得支援 payWave 感應式讀卡功能。

應用場景
- 減少金融工具攜帶
- 提高支付過程效率

- 出門時不必再三檢查手機和錢包是否帶齊，只要記得帶手機出門。
- 搭捷運或公車時拿出手機在刷卡機上感應就行。
- 到麥當勞、肯德基或是摩斯漢堡買一份早餐用手機「嗶」一下付款取餐。
- 中午可以和同事朋友利用手機訂餐，當然不需要用現金付款，只要透過手機裡的信用卡就可以。
- 下班時不想要在大眾運輸上人擠人，搭搭 UBER 或是平常的計程車也可以直接用手機付款。
- 減少了現金支付找零收發票的流程，讓付款更快速也更方便。

步驟❹ **運用設計原則加強視覺溝通效果**

　　最後，我們運用留白、對齊、對比與親密等設計原則來優化視覺效果。（見圖 4-19）

圖 4-19 ｜ 以視覺原則強化視覺呈現的效果

行動支付的未來 (2017-03-30)

發展現況
- 在台灣使用非現金支付的風氣**還不算非常盛行**。
- 目前不論是 MasterCard 或是 Visa 皆大力推廣行動支付，預估**明年**開始行動支付版圖將會漸漸成長。

普及關鍵
- 首先得先要讓台灣消費者有**電子支付的習慣**。
- 其次，由於電子支付大量運用 NFC 功能，因此**支援行動支付的 NFC 手機**如果越來越普及，那麼消費者使用行動支付就更方便了。
- 最後是商家使用的信用卡機也得**支援 payWave 感應式讀卡功能**。

應用場景
- 減少金融工具攜帶
- 提高支付過程效率

- 出門時不必再三檢查手機和錢包是否帶齊，只要記得帶手機出門。
- **搭捷運或公車**時拿出手機在刷卡機上感應就行。
- 到麥當勞、肯德基或是**摩斯漢堡**買一份早餐用手機「嗶」一下**付款取餐**。
- 中午可以和同事朋友利用手機訂餐，當然不需要用現金付款，只要**透過手機裡的信用卡**就可以。
- 下班時不想要在大眾運輸上人擠人，搭搭 **UBER** 或是平常的**計程車**也可以直接用手機付款。
- **減少了現金支付找零收發票的流程**，讓付款更快速也更方便。

除了視覺上的呈現之外，我加上了時間作為閱讀者的輔助參考，如果有資料來源的話，我會建議你一併附上。在工作場合的簡報，資料的參考價值往往會依據時效性與來源權威性來判斷，這些細節都是在製作簡報時需要留意的。

如何聚焦關鍵內容？

以這篇文章來看，我認為這篇文章的關鍵是「如何普及」，如果我想將這部分單獨抽取出來製作投影片，來讓受眾更聚焦在這些問題上，也是一個不錯的選擇。（見圖 4-20）

圖 4-20 ｜ 如何將部分的文字資訊，轉化為視覺化的呈現？

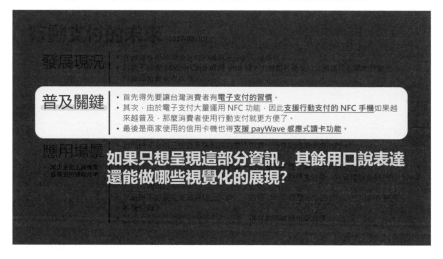

但是，我們可以怎麼做呢？

最簡單的方式，就是將這部分的部分獨立呈現在新的投影片中。（見圖 4-21）

圖 4-21 ｜以條列式呈現，是最簡單的視覺化呈現

行動支付的普及關鍵

- 首先得先要讓台灣消費者有電子支付的習慣。
- 其次，由於電子支付大量運用 NFC 功能，因此支援行動支付的 NFC 手機如果越來越普及，那麼消費者使用行動支付就更方便了。
- 最後是商家使用的信用卡機也得支援 payWave 感應式讀卡功能。

等等，或許你會說「別開玩笑了，這樣談得上視覺化嗎？」別擔心，現在才正要開始呢！

有別於前面的做法，因為不需要考慮保留完整的文字資訊，在進階的視覺化過程中，我們先擷取出關鍵字；如下圖所示，我們擷取出了「電子支付的習慣」、「支援行動支付的 NFC 手機」與「信用卡機也得支援 payWave 感應式讀卡功能」這三個關鍵字。（見圖 4-22）

圖 4-22 ｜擷取關鍵字，作為視覺化的元素

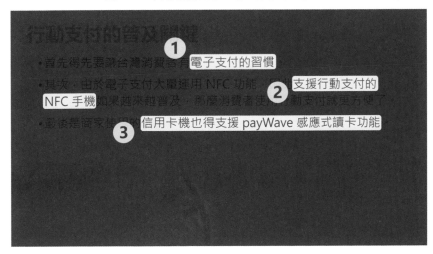

這個環節的重點，在於消除不必要的文字資訊，所以不用太在意擷取出來的是不是真的重點。只要你認為是關鍵字，就盡情框選起來吧。反正我們在後續的視覺化過程中，都還有機會再精簡內容，所以別花太多時間在這邊猶豫，只要最後呈現出來的結果是好的，就行了。

只保留擷取的關鍵字，重新組織成條列式的呈現。（見圖 4-23）

圖 4-23 ｜ 精簡後的條列式呈現

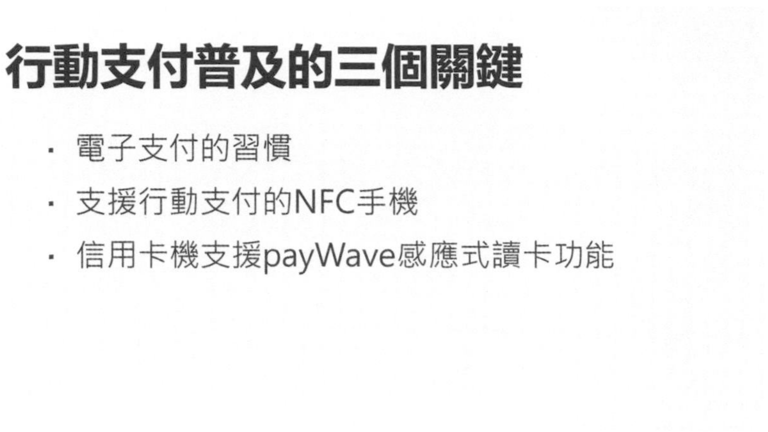

行動支付普及的三個關鍵

- 電子支付的習慣
- 支援行動支付的NFC手機
- 信用卡機支援payWave感應式讀卡功能

嗯，看起來有些空洞，這時候我們可以加一些圖示（icon）或圖片（image），來增加視覺溝通效果。請留意，這裡更重要的是為了降低理解的門檻，讓受眾更容易接收訊息，增進理解，而不是僅僅為了美觀而加入圖示或圖片。

比方說，我們可以加入圖示來代表「電子支付」、「支援行動支付的手機」與「支援感應式讀卡功能的信用卡機」。 在使用圖示時，請把握一個重點，圖示應該是比文字更直覺的理解內容，而不是得花費更多文字來說明圖示代表的意思。（見圖 4-24）

圖 4-24 ｜運用視覺化圖示來增進對方的理解

行動支付普及的三個關鍵

電子支付的　　　　支援行動支付的　　　信用卡機支援
習慣　　　　　　　NFC手機　　　　　　payWave
　　　　　　　　　　　　　　　　　　感應式讀卡功能

　　另一個要注意的地方是，不同背景與國情文化的受眾對圖示的認知也不同，盡量避免理所當然地認為，所有人都是用同樣的認知去理解一個圖示所代表的意義。比方說豎起大拇指這個圖示，在有些國家代表的是不敬的用語，在使用任何圖示之前，務必再三確認，這個圖示所代表的含義是否對你的受眾來說，都是一致的。

　　除了圖示之外，有時採用圖片或影片會更為直覺，特別是有關於一些鮮為人知的事物，以文字或圖示都未必容易讓人理解；這時候，一張圖片或影片更能令人一目了然。

　　舉例來說，在以下這張投影片中使用圖示來說明行動支付普及的三個關鍵，但對於一些老人家來說，可能還是搞不懂什麼是行動支付，我們以一張圖片來說明，就能讓他們理解「喔，原來行動支付就是用手機刷卡嘛！」這時候再帶出要讓這件事發生，需要達成哪些條件？相信這樣的效果一定會讓你的簡報更能引起共鳴。（見圖 4-25）

圖 4-25 ｜圖片的溝通更直覺，更易理解

**行動支付普及
的三個關鍵**

 電子支付的習慣

 支援行動支付的
NFC手機

 信用卡機支援payWave
感應式讀卡功能

文字型內容的視覺化心法：增加或減少

我用了兩個案例說明了文字型內容的視覺化過程，以及在不刪減內容的限制條件下，如何讓文字資訊仍然可以一目了然的做法。

在這裡做一個心法上的統整，讓你在練習的過程中更能加深印象，那就是：

> 「化繁為簡，就抓關鍵字；不能刪減，就加關鍵字。」

在化繁為簡的過程中，第一步就是將整合後的資訊內容，拆文成段、拆段成條，成為條列的資訊內容。第二步就是根據限制條件來決定，是要擷取關鍵字來進行圖示或圖像的視覺化呈現，還是增加關鍵字作為新的層次來降低理解的門檻。

實例

最後，我以一個案例來展現其中的差異。這是我在知名的半導體 IC 設計公司聯詠科技進行演講時，運用官網上的資訊所做的視覺化呈現。（見圖 4-26）

圖 4-26 ｜視覺化呈現的不同展現方式

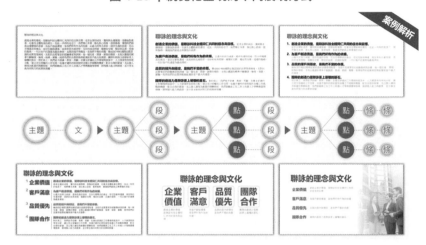

你可以從這個案例中看到從原始的文字資訊，是如何轉變為不同型態的視覺化呈現。

那麼，如何選擇使用哪一種型態呢？我想這沒有標準答案，但是可以根據你的簡報場景、對象與自身的簡報風格來判斷。

■ 如果是書面報告，我想文字的比例可以多一些，盡可能讓對方在沒有口頭說明的情況下，也能充分理解簡報的內容。

■ 如果是有機會親自報告，那麼就依自己方便說明的方式來準備，比方說容易緊張忘詞的人，可能需要在簡報中放上輔助說明才能感到安心，但記得別完全照稿念就行了。

■ 還有一種情況是，你替主管或高階管理者做簡報，報告的人不是你，這時候我會建議你在簡報中的文字愈少愈好，盡量以圖示與圖像視覺化的方式，保留讓簡報者自由發揮的彈性。

完全只有圖示或圖像的視覺化，可以有效降低理解的門檻，但每個人的理解可能不同；搭配簡潔的關鍵字或文字說明，才能讓人好記憶與明確的認知。

如何在文字資訊量與視覺化之間找到一個專屬的甜蜜點，就取決於你的經驗累積與判斷了，只要把握一個原則：所有的視覺化技巧，都是為了降低理解的門檻，而不是為了炫技。

04 | 讓數據說話，更要說一個打動人心好故事

面對的一組數據，你會如何思考？不少人會說：畫成視覺化圖表來看看。

這個答案只對了一半。

同一組數據，你可能會畫出不同的圖表、從中發現一個以上的訊息，甚至是發現需要進一步釐清的新問題。然後呢？你打算如何呈現這些發現？

這些年我在企業中常見到的做法是，將所有圖表全貼在簡報中，讓對方自己尋找需要的訊息。但是，主管更希望看到的，是能展現你的洞見、提出你的專業建議。

商業場景的數據思考：從資料、資訊到洞見的展現 ·············

商業數據的解讀，是為了管理眼下的問題、發現潛在的問題，與評估可能的問題。如果可以提早洞見未來會發生的事，就可以提早做準備，占得先機、規避風險，獲取最大利益。

- 我們觀看公司的日報表、月報表，或是季報表與年報，都是為了透過數據解讀來管理眼下的問題，確保設定目標可以順利達成。
- 我們蒐集外部市場競爭的數據，可能是為了發現潛在的問題，及早因應，當然，這還需要與內部營運管理的數據相互結合，才能夠有完整的全貌。
- 我們每天都需要做出大大小小的決策，也需要透過數據的蒐集與解讀，來評估各種可能的問題，盡可能地做出最佳的選擇。

在數據解讀的過程中，我們會使用圖表來分析、澄清與展現訊息，進一步形成可用的知識，以及作為決策參考的洞見。所以說，圖表既是分析的工具、也是表達的工具。

讓數據說一個好故事，而不是看圖說故事 ·············

你可以用下面這張圖來檢視一下，自己是如何使用圖表的？（見圖 4-27）

圖 4-27 ｜你是看圖說故事，還是讓數據說話？

我用模組化簡報解決 99.9% 的工作難題

拿到一組數據，就畫成圖表，然後說明圖表中存在的訊息，這是「看圖說故事」的做法，也是大多數人使用圖表的方式。

這樣做，有時候會成功，但更多時候都是成效不彰的，因為你所說的故事，可能跟主題缺乏連結性，而對方所看到的故事也未必與你相同。結果不僅不能說服對方，反而產生更多解釋不了的問題。

你該做的是「讓數據說話」，而不是「看圖說故事」。

讓數據說話，是帶著問題找答案。為了回答問題而蒐集相關的數據，然後繪製成分析用的圖表，從中找出有哪些訊息。將與問題有關的訊息，整合歸納為結論，再重新繪製成表達用的圖表，讓對方一眼就看出你希望傳達的訊息是什麼。（見圖 4-28）

圖 4-28 ｜讓數據說話的思考流程

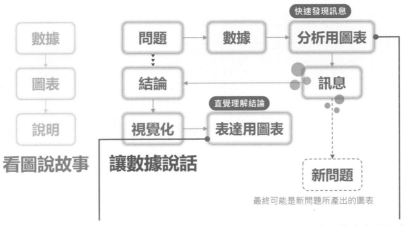

表達用的圖表，是為了讓對方更直觀的理解結論。除了根據訊息選擇適當的圖表之外，我們還會運用視覺化技巧來確保對方一眼就能看到，我們希望被看到的訊息。

分析用的圖表，是為了快速發現訊息。我們會嘗試用各種可行的圖表來檢視有無可用的訊息，這時候圖表的美觀不是重點。

舉例來說，一家出版社編輯想知道某一本商管書推出半年後的銷售表現，作為向主管報告的內容，於是請行銷人員將各通路過去半年的銷售數據整理為一張表格。（見圖 4-29）

圖 4-29｜商管書在過去半年各通路的銷售狀況

單位：銷售數量

書名名稱	累計	第一個月	第二個月	第三個月	第四個月	第五個月	第六個月
Amazon	354		120	89	70	40	35
博客來	156		69	60	17	5	5
誠品信義旗艦店	131		63	26	20	12	10
誠品網路書店	87		41	15	16	10	5
誠品台北車站捷運店	73		31	21	5	9	7
金石堂網路書店	68		29	21	6	7	3
誠品敦南店	57		20	11	5	7	4
誠品新竹巨城店	22		9	11	1		1
天瓏網路書店	21		8	9	2	2	
三民網路書店	20		7	10	1	2	
金石堂信義店	16	1	8	3	4		
金石堂新竹店	13	1	4	5	2	1	
誠品西門店	13		5	3	2	1	2
誠品美麗華店	9		3	3	2		1
合計	1028	2	417	287	153	96	73

為了更容易看出訊息，編輯將各通路的總銷售量繪製成圓餅圖，並從中發現了一下訊息：（見圖 4-30）

① 銷售表現最好的通路為 Amazon，占總銷售量的 34%。

② 銷售表現次佳的通路為博客來，占總銷售量的 15%。

③ 近五成的銷售貢獻來自於 Amazon 與博客來。

④ 除了 Amazon 之外，網路書店與實體書店的總銷售量占比分別為 34% 與 31%。

⑤ 如果將誠品所有門市的銷售量加總，約占總銷售量的 38%。

我用模組化簡報解決 99.9% 的工作難題

圖 4-30 ｜商管書過去半年的總銷售量依通路區分的百分比圓餅圖

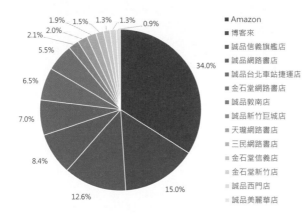

編輯將這些訊息整合後，決定在報告中呈現以下訊息，並重新繪製成表達用圖表。（見圖 4-31）

- 每三本就有一本是在 Amazon 賣出的。
- 網路書店的銷量是實體書店的兩倍，其中又有一半是在 Amazon 賣出的。

圖 4-31 ｜將要傳達的訊息重新繪製成表達用圖表，讓對方一目了然

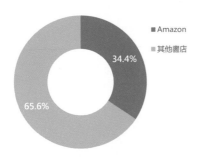

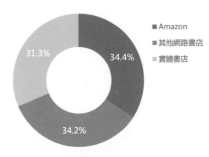

如此一來，主管可以從報告的圖表清楚地看出編輯希望傳達的兩個訊息。如果使用原先的數據表格或圓餅圖，是無法直接看出這樣的訊息的。

看圖說故事，不同人有不同說法。舉例來說，在前面案例中的圓餅圖，就有多種訊息存在其中，你可能想要傳達的是「銷售表現最好的通路的Amazon」，但是主管從圖表中看到的可能是銷售比例相對較小的那些通路是怎麼回事？造成訊息傳達與訊息接收上的落差，影響到你原本鋪陳的報告內容。

想想如果是書面報告，在沒有說明的情況下，對方會如何解讀報告中的一張圖呢？很有可能會造成不必要的誤解。

而讓數據說話，不同人也可能會傳達不同的訊息。但因為表達用圖表是基於要傳達的訊息來設計的，所以報告對象接收到的訊息，跟你想說的會是一致的。從問題出發，也可能從數據轉化為分析用圖表，再找出新的問題，然後再次展開另一個讓數據說話的過程。

舉例來說，在前面案例中的表達用圖表所傳達的訊息，主管可能會提出新的問題「網路書店是否會變成主要的銷售通路？還是這本書的銷售表現只是個案？」這時候就需要蒐集更多的數據，來試著回答這個問題。

善用數據來解決問題的職場工作者，都懂得使用分析用、表達用圖表來解決工作場合所遇見的問題。圖表使用的關鍵就在於，從資料、資訊到洞見的展現過程中，你能做到哪一個階段？

實例

一起來看看下面這個案例，我想你會更清楚從資料、資訊到洞見的圖表展現有什麼差異。

在 2016 年春天，我被指派了一個任務：分析智慧型手機 iPhone 的銷售狀況。那時候 iPhone 6S 剛推出不久，蘋果公布最新一季財報上的數字並不是太好看。

我從歷年財報上抓了 iPhone 的銷售數字，畫成了下面這張圖表。（蘋果財報年度第二季代表一月至三月，以此類推）（見圖 4-32）

圖 4-32｜蘋果 iPhone 的全球每季銷售數量

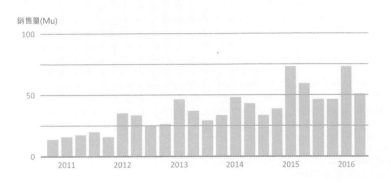

iPhone Quarterly Unit Sales Worldwide 2010Q4-2016Q2

「嗯，看起來趨勢是向上的，不過似乎存在著規律性的波動性。」

雖然畫成了圖表，但其實仍處於「資料」的階段，只不過視覺化的呈現方式讓我們更容易看出些訊號。所以接下來，我打算加入一些統計量看看是否存在著其他趨勢？

一般來說，我們會看年成長率來了解同期銷售量的變化。（見圖 4-33）

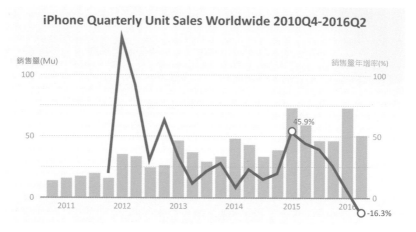

圖 4-33 ｜加上每季銷售數量的年成長率後，發現新的訊息

「哇～從 2015 年財報第一季開始，成長率就像坐溜滑梯似的一路往下滑。」

「而且 2016 年財報第二季出現了……第一次的負成長？！」

喔，這可是個不得了的訊息。

從 2007 年首支 iPhone 上市以來，這可是第一次出現負成長的狀況，是否意味著 iPhone 甚至是整個智慧型產業開始走入衰退期了呢？我很興奮地向主管報告這個分析結果中的「好消息」，但是很快就被潑了冷水。

「嗯，這是個令人意外的訊息，但是為什麼會這樣呢？」

這個訊息顯然引起了主管更多疑問，但是我沒有準備好答案回答這個「新的」問題。我已經成功地將資料轉換成「資訊」的階段，但也同時帶出「新的」問題，顯然這張圖表還不足以提供主管進行下一步的判斷與決策參考。

於是我加入了歷代 iPhone 推出的時間，對應的正好是每一個波段的高點，也是蘋果財報年度的第一季，發現了一個新的線索。（見圖 4-34）

圖 4-34 ｜在圖表中加入歷代 iPhone 推出時間作為訊息判讀的依據

「嗯，在最近幾年的一次高成長率出現在 iPhone 6 上市的時候，發生了什麼事呢？」

「啊，這是蘋果首支大螢幕手機，會不會是帶動了換機潮？」

我查詢著相關資料，發現當時高達 45.9％的成長率是因為首支大螢幕手機推出，帶動了一波換機潮，也讓成長率回到水準之上。直到隔年推出 iPhone 6S，因為作為比較的基底過高、加上新機沒有什麼亮點刺激買氣，成長率就一路下滑至第一個負成長出現了。

於是我將蒐集的相關資訊整理歸納出結論，並在報告中呈現一張圖表。（見圖 4-35）

圖 4-35 ｜加入分析結果與建議的圖表

直到這個時候，我才真正完成從資料、資訊到洞見展現的過程。

還可以繼續思考的，就是「接下來還會發生什麼？」與「該怎麼辦？」這二個問題。不過還沒有機會繼續想下去，我在 2016 年的夏天，就決定離開業界成為自雇者了。

讓數據表格一目了然的系統化做法

要讓數據表格一目了然，只要把握一個原則：表格的主角是數據，不是線條。

下面這張圖中的三個表格，你會將注意力放在哪裡？（見圖 4-36）

圖 4-36 ｜表格呈現的重點應該放在數據上

你的注意力放在哪裡？

夾娃娃機店家數及銷售額

年度	店家數	銷售額(萬)
2013	169	6,149
2014	347	16,293
2015	586	28,091
2016	920	47,357
2017	2,859	117,377

資料來源：財政部財政統計

夾娃娃機店家數及銷售額

年度	店家數	銷售額(萬)
2013	169	6,149
2014	347	16,293
2015	586	28,091
2016	920	47,357
2017	2,859	117,377

夾娃娃機店家數及銷售額

年度	店家數	銷售額(萬)
2013	169	6,149
2014	347	16,293
2015	586	28,091
2016	920	47,357
2017	2,859	117,377

　　第一個表格，讓人很難忽視框線的存在。第二、第三個表格，似乎就好多了，讓人可以更聚焦在表格中的數據。仔細看看，這三個表格有什麼差別？

　　沒錯！少了框線與底色，但是有沒有影響到閱讀性？沒有。

　　為什麼會這樣？這是由於「格式塔理論（Gestalt Theory）」的效應。

　　當表格中的數據對齊時，我們在視覺上就會視為有一條隱形的線，可以取代旁邊實際的框線；所以你可以看到第三個表格，只保留用來區隔「表頭」與「表格範圍」的橫向框線，其餘的框線都透過對齊所取代了。

　　在表格的使用中，除了「數據表格」之外，還有一種「文字表格」的應用方式。

　　舉例來說，在各個產業中的龍頭公司或是領頭羊，都會整理類似的市場排名數據，來凸顯自己的領導地位。下圖是一個金控產業的案例，每年都會有上市櫃金控的獲利排名，如果你是其中一家金控公司的行銷部門，該如何凸顯自家公司的市場排名保持優異或節節上升呢？（見圖 4-37）

圖 4-37 ｜不同年份的市場排名數據該如何整合？

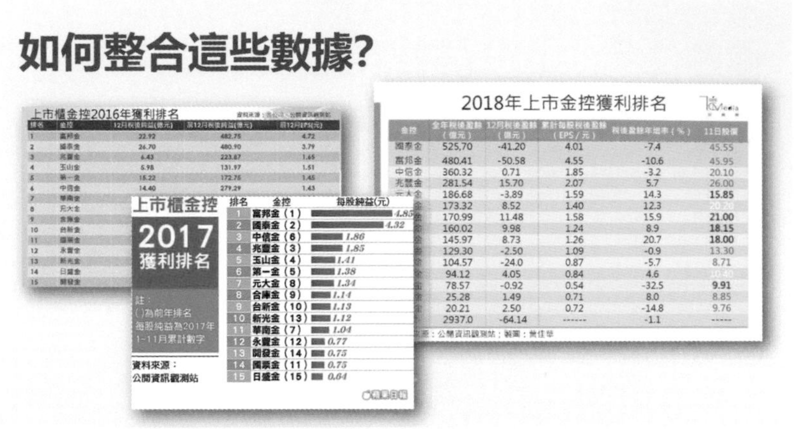

如何整合這些數據？

使用表格來呈現歷年排名的變化，是個好主意。（見圖 4-38）

圖 4-38 ｜利用文字表格來呈現歷年的市場排名

上市櫃金控獲利排名

排名	2010	2011	2012	2013	2014	2015	2016	2017	2018
1	富邦金	富邦金	富邦金	富邦金	富邦金	富邦金	富邦金	富邦金	國泰金
2	兆豐金	中信金	兆豐金	國泰金	國泰金	國泰金	國泰金	國泰金	富邦金
3	中信金	兆豐金	中信金	兆豐金	中信金	中信金	兆豐金	中信金	中信金
4	日盛金	元大金	國泰金	台新金	兆豐金	兆豐金	玉山金	兆豐金	兆豐金
5	台新金	台新金	玉山金	中信金	元大金	第一金	第一金	玉山金	元大金
6	第一金	華南金	台新金	玉山金	玉山金	華南金	中信金	第一金	第一金
7	玉山金	國泰金	第一金	永豐金	第一金	合庫金	華南金	元大金	玉山金
8	元大金	第一金	新光金	新光金	永豐金	台新金	元大金	合庫金	合庫金
9	國票金	玉山金	永豐金	第一金	華南金	玉山金	合庫金	台新金	華南金
10	華南金	日盛金	合庫金	華南金	合庫金	國票金	台新金	新光金	台新金

資料來源：公開資訊觀測站

　　但是這張表格，並不容易看出各家金控公司的變化。所以，我們要加一些視覺化效果讓訊息凸顯出來，一眼就看出我們想要傳達的重點。（見圖 4-39）

圖 4-39 ｜加入視覺化效果來讓訊息傳達更一目了然

上市櫃金控獲利排名

排名	2010	2011	2012	2013	2014	2015	2016	2017	2018
1	富邦金	富邦金	富邦金	富邦金	富邦金	富邦金	富邦金	富邦金	國泰金
2	兆豐金	中信金	兆豐金	國泰金	國泰金	國泰金	國泰金	國泰金	富邦金
3	中信金	兆豐金	中信金	兆豐金	中信金	中信金	兆豐金	中信金	中信金
4	日盛金	元大金	國泰金	台新金	兆豐金	兆豐金	玉山金	兆豐金	兆豐金
5	台新金	台新金	玉山金	中信金	元大金	第一金	第一金	玉山金	元大金
6	第一金	華南金	台新金	玉山金	玉山金	華南金	中信金	第一金	第一金
7	玉山金	國泰金	第一金	永豐金	第一金	合庫金	華南金	元大金	玉山金
8	元大金	第一金	新光金	新光金	永豐金	台新金	元大金	合庫金	合庫金
9	國票金	玉山金	永豐金	第一金	華南金	玉山金	合庫金	台新金	華南金
10	華南金	日盛金	合庫金	華南金	合庫金	合庫金	國票金	台新金	新光金	台新金

資料來源：公開資訊觀測站

　　在這張表格中，可以清楚地看出前四強的排名變化不大，呈現拉鋸局面，其中國泰金可以說是節節爬升，終於在 2018 年奪下冠軍寶座。在這張表格中，我們做了什麼視覺化的技巧？（見圖 4-40）

■ 首先，我們利用各家金控品牌識別色來增加視覺解讀的有效性。

■ 其次，弱化其他金控公司的視覺效果，以淺灰色字體呈現。

■ 最後，基於格式塔原理，利用對齊文字的效果取代大多數不必要的框線。

圖 4-40 ｜讓文字表格的訊息傳達更清楚的三種視覺化技巧

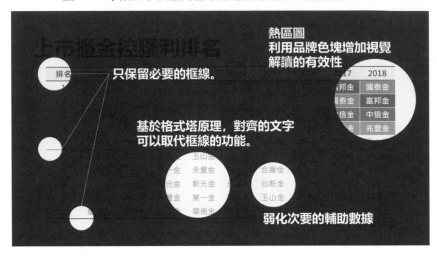

用圖表說故事的 TOP 原則

在簡報中使用圖表，是為了展現商業的洞見與創造行動的誘因，讓對方採取下一步行動。

如果對方在聽完你對圖表的描述後的反應是「然後呢？所以咧？」就表示你所使用的可能是失敗的圖表，或是你說的故事並沒有達到效果。

因此，在使用圖表說一個好故事之前，我們要先釐清三件事：對象（Target）、目的（Object）與場合（Place），我簡稱為「TOP」原則。（見圖4-41）

圖 4-41 ｜用圖表說故事的 TOP 原則

用圖表說故事的TOP原則

對象

依對方的立場、忙碌程度、知識水準來改變數據呈現的方式。

目的

傳達圖表訊息後，希望對方的反應與感受是什麼？

場合

這份圖表用在什麼地方？圖表的精簡程度與口頭說明比例？

■ 對象：數據的呈現，如果沒有鎖定對象的需求，站在對方的角度思考，創造出來的訊息和故事，就無法順利傳達出去。所以符合對方的需求是首要任務，因應對方的立場、忙碌程度、知識水準來改變表現方式。比如說，對於忙碌的主管，盡可能讓對方光看標題就能明白你想傳達什麼訊息，所以通常會使用「訊息式」標題。對方在做判斷時，習慣看到詳細數據的表格、圖表趨勢，還是你的看法？

■ 目的：在不同的工作情境中，在傳達圖表訊息後，希望對方的反應與感受是什麼？比方說在報告的時候希望對方感到放心、在說服的時候希望對方能感到信任而不是對數據感到質疑、在討論的時候希望對方容易理解而且能提出看法。

■ 場合：這份圖表資料是用在什麼地方？是公司對外的正式文件、內部會議的討論報告，還是電子郵件中的附件？是紙本、還是電子檔？這會關係到使用的顏色與動畫，在紙本上是不是仍然保有可閱讀性？圖表資料是用在書面報告還是口頭簡報，也會影響到圖表內容的精簡程度與口頭或文字補充的比例。

當我們確認了對象的需求與偏好習慣，以及使用圖表的目的是希望對方產生什麼樣的反應，最後是根據場合來調整圖表的精簡程度與呈現方式（包括色彩的使用、動畫的搭配等），就能讓圖表發揮最大的效果。

如何選擇正確的圖表？請用「點、線、面」法則來思考

說到圖表的選擇，你會使用哪種圖表？又是如何選擇的呢？

我曾經看過一張稱之為「阿貝拉的圖表指南」的圖，在網路上搜尋「Andrew Abela」可以找到各種版本的圖，但我習慣重新繪製一張。先別急著研究這張圖表指南，因為你可能會發現許多圖表並不在上面，甚至你可能不太認同這樣的分類方式。（見圖 4-42）

圖 4-42 ｜阿貝拉的圖表指南

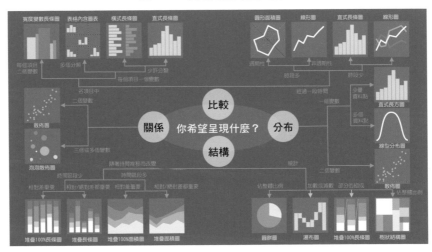

之所以列出這張圖表指南的用意，只是想告訴你：圖表的選擇其實是有跡可循的，但數據未必只能用一種圖表呈現。

每天都有新的圖表類型發表，特別是資料科學領域，總是思索著如何更有效地以視覺化方式顯示出洞見。但是對於職場工作者來說，除非你能在一張圖表中展現出極高價值的洞見，否則並沒有必要使用特別的圖表，或是自創一個新的圖表出來。

你需要做的只是找出數據中的洞見，然後用適當的、簡單的圖表呈現即可。如果是為了解決工作中的問題，其實懂得運用八種圖表就夠了。（見圖 4-43）

圖 4-43 ｜職場工作者應該要會的八種圖表

選取的方式也很容易，只要根據你想呈現的是數據的關聯？走勢的變化？還是大小的比較？來選擇對應的圖表即可。

點：呈現數據之間的關聯

散布圖，是呈現二維數據之間的關聯，比方說，消費者年齡與消費次數之間的關聯。

泡泡圖，則是呈現三維數據之間的關聯，比方說消費者年齡、消費次數與消費金額之間的關聯，可以基於消費者年齡與消費次數的散布圖，再加上以泡泡大小代表消費金額。

另一種在商業場景中常用到的，是以泡泡圖呈現不同產品、客戶或項目的價格走勢，同時搭配平均單價與消費金額（或數量）的貢獻，更能直覺看出整體走勢與異常點。（見圖 4-44）

圖 4-44 ｜展現數據「關聯」的常用圖表

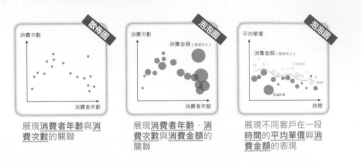

點：展現數據的關聯

展現**消費者年齡**與**消費次數**的關聯

展現**消費者年齡**、**消費次數**與**消費金額**的關聯

展現不同客戶在一段**時間**的**平均單價**與**消費金額**的表現

舉例來說，我在規劃行銷策略時會使用泡泡圖，用以找出市場成長的機會。（見圖 4-45）

圖 4-45 ｜用泡泡圖來展現市場成長機會

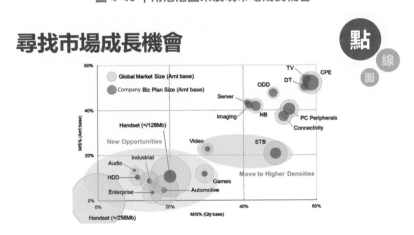

橫軸代表的是銷售量的市占率表現，縱軸代表的銷售金額的市占率表現，而泡泡大小代表總銷售金額的表現。

右下方的紅色區塊，如「數位視訊轉換盒（STB）」產品，有近五成的銷售量市占率，而銷售金額市占率僅有二成左右，顯示賣的都是單價偏低的產品，在銷售量成長上有難度，但可轉向高單價產品發展以提高銷售金額貢獻與市占率表現。

而左下方的藍色區塊屬於市占率偏低的項目，而且市場規模相對可觀，是未來成長的契機。

線：呈現數據隨時間變化的趨勢（見圖 4-46）

圖 4-46 ｜展現數據「變化」的常用圖表

線：展現數據的變化

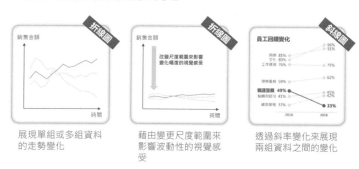

展現單組或多組資料的走勢變化

藉由變更尺度範圍來影響波動性的視覺感受

透過斜率變化來展現兩組資料之間的變化

　　最常使用的折線圖，呈現單組或多組資料的走勢變化。可以透過改變尺度範圍來影響資料波動性的視覺感受，對於一些著重以視覺作為判斷依據的對象來說，有時會受到這種方式的偏誤影響，所以當你在觀看這類圖表時，要特別注意尺度上是否有特別處理的動作，比方說加大範圍、不等距尺度或是取對數（log）等方式。（見圖 4-47）

圖 4-47 ｜改變尺度範圍來影響數據波動性的視覺感受

尺度影響折線圖的波動性

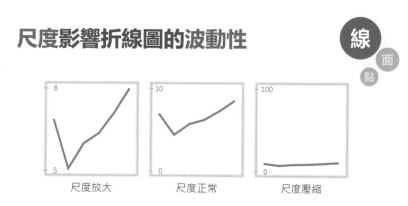

尺度放大　　　　　尺度正常　　　　　尺度壓縮

原本正常的折線圖，尺度介於 0 到 10 之間。如果我們將尺度放大為 5 到 8 之間，就會使得折線圖的變化更為明顯；相反地，如果將尺度壓縮為 0 到 100 之間，就會使折線的波動變得不明顯。

　　另一種呈現變化的圖表是斜線圖，可以用來展現二組資料之間的變化。比方說，兩年之間的員工滿意度表現變化、改善前後的設備數值變化等；以斜線圖來呈現可以更直覺地展現出整體趨勢、個別變化以及異常項目。

　　用一個案例說明，我想你會更清楚斜線圖的使用時機。

　　這個案例是關於消費者購物態度的調查，針對一千多名到商場購物的消費者隨機進行問卷調查，希望透過問卷結果得知，影響消費者購物態度的主要因素有哪些？同時檢視與前一年相比有什麼變化？

　　改善前的圖表，是以問卷題型作為基準，比較前後兩年的重視度排名變化。（見圖 4-48）

圖 4-48 ｜依據問卷題型的格式來呈現結果，比較不易看出變化與重點

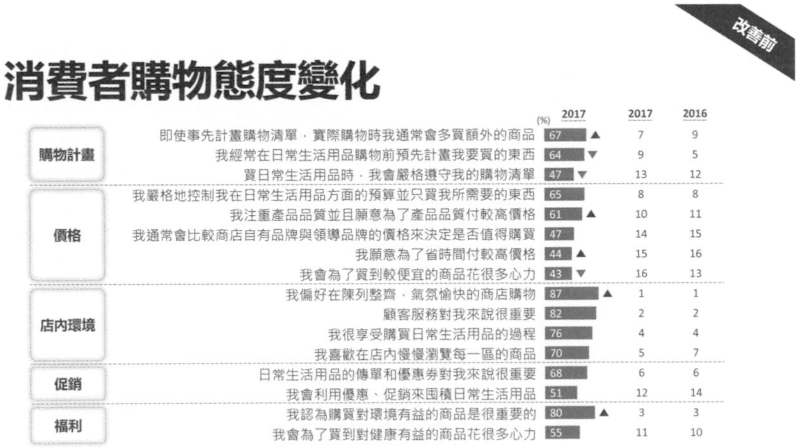

我們可以從中看出各項問題的變化消長，但不容易看出整體趨勢，同時不同對象在觀看這張圖表時，也可能接收到不同的訊息。

簡報製作者希望從這張圖表中傳達「店內環境仍為消費者最為重視的因素，但對於計畫性與便宜價格的要求相對不是那麼重視。」這樣的訊息，但顯然我們無法一眼就接受到這樣的訊息，因為這只是一張「資料」圖表，而不是「資訊」或「洞見」圖表。

為了讓觀看圖表的受眾可以更精準地接收到我們要傳達的訊息。（見圖4-49）

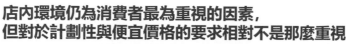

圖 4-49 ｜以斜線圖方式呈現更能察覺整體變化與個別差異

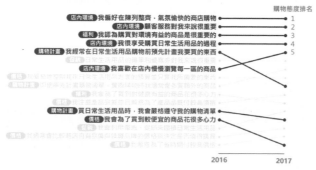

第一步可以採用斜線圖來呈現兩組資料的變化。
第二步，我們以藍色凸顯前段排名不變的項目，以紅色凸顯受重視程度明顯下滑的項目，而其他非關鍵訊息的部分則弱化視覺上的存在感。
從改善後的圖表中，不難看出這兩項明顯的訊息：店內環境仍為消費者最為重視的因素，但對於計畫性與便宜價格的要求相對不是那麼重視。
第三步就是將訊息直接寫在標題上，以訊息式標題確保你的聽眾一定會接受到。

面：呈現數據之間的比較

在這裡，我列舉了長條圖、圓餅圖、瀑布圖與雷達圖這四種，是職場工作者應該懂得善用來進行數據比較的圖表。與前面呈現關聯與變化的圖表不同之

處在於，這裡的圖表主要是以色塊大小讓視覺上做區隔，提高版面識別度，不會干擾主要訊息。（見圖 4-50）

圖 4-50 ｜展現數據「比較」的常用圖表

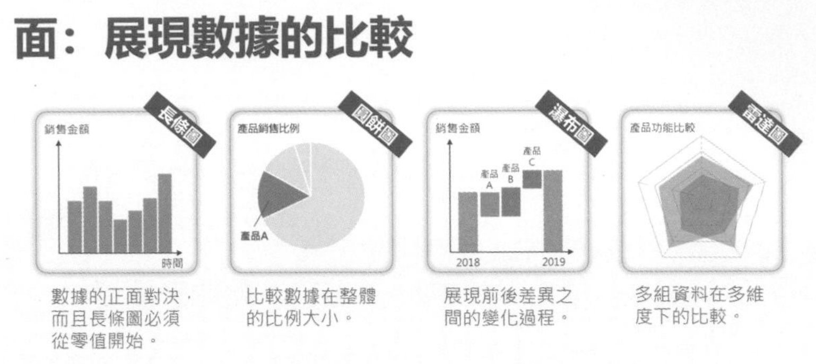
面：展現數據的比較
長條圖
銷售金額
時間
數據的正面對決，而且長條圖必須從零值開始。
圓餅圖
產品銷售比例
產品A
比較數據在整體的比例大小。
瀑布圖
銷售金額
產品A
產品B
產品C
2018
2019
展現前後差異之間的變化過程。
雷達圖
產品功能比較
多組資料在多維度下的比較。

長條圖的使用，在單組資料時也能像折線圖一樣呈現出變化趨勢，但在多組資料的變化呈現上仍是以折線圖更為直覺。

此外，長條圖的數值必須從零值開始，不能像折線圖一樣，可以自由改變尺度範圍來影響波動性，這是在使用或觀看長條圖時該注意的重點。

圓餅圖的使用，當項目不多時較容易看出比例上的變化，但是當項目多於五項時往往會降低圖表的閱讀性，同時不容易凸顯重點。這時候我們可以透過降噪與訊息式標題來提升圖表的溝通效果，以下是常見的圓餅圖凸顯關鍵訊息的做法。（見圖 4-51）

圖 4-51 ｜運用圓餅圖時凸顯重點的常見做法

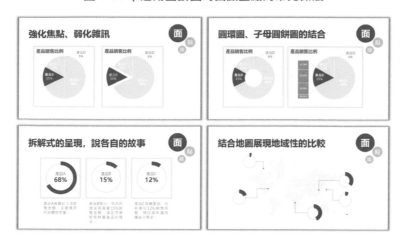

瀑布圖的使用，主要用以呈現兩個數值之間的差異變化過程。

比方說，今年的銷售金額與去年相比成長了 100 萬，但其中各項產品的銷售金額可能互有消長，為了同時呈現出各項產品的個別貢獻，我們可以用瀑布圖來呈現整體的差異，以及個別產品的貢獻比較。（見圖 4-52）

圖 4-52 ｜運用瀑布圖來展現整體差異與個別產品的貢獻

雷達圖的使用，可以呈現多組資料的多維度比較。

　　比方說不同產品的各項功能數據比較、不同員工的各項能力表現比較，或是像下方這張圖表用來呈現籃球選手在各項能力的表現差異。（見圖 4-53）

　　正如同所有的圖表一樣，當資料組數超過五組時，也會使得雷達圖變得不易判讀，要有效改善這個問題，除了減少資料組數之外，透過降噪來展現出洞見，也是個有效方式。

圖 4-53 ｜ 運用雷達圖來展現數據在多個面向的比較

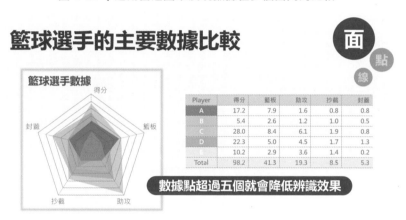

05 | 簡報健檢與微整型，輕鬆整合、優化不費力

說到製作一份簡報，從架構布局、資訊呈現到視覺設計，我想不少人都可以說出一番道理。

但是，如果已經有一份現成的簡報，又該如何修改才能快速地提升整體成效與質感？工作者常需要將多份簡報整合在一起，有沒有輕鬆的方式可以完成，不要讓整份報告看起來只是一份「剪報」呢？幾乎在每一次的企業培訓中，都有主管與學員提出這些問題。

為了回應這些需求，我歸納出了簡報健檢三步驟，讓你可以簡單地找出影響簡報成效的問題，並且運用書中的技巧來輕鬆改善，不必砍掉重做，也能讓你的簡報品質立刻提高一個檔次。

三個步驟幫簡報做健檢

過去在職場上，除了工作上的簡報製作，有時我也需要整合多份簡報以作為會議討論之用，為了提升作業效率與簡報成效，我發展出了一套簡報健檢的流程步驟。

直到現在，在擔任企業的簡報顧問時，我也會運用這套簡報健檢的步驟，從架構的邏輯、內容的層次到視覺的風格，來為客戶提供檢視回饋與改善建議。（見圖 4-54）

圖 4-54 ｜簡報健檢的三個步驟

步驟❶　檢視架構邏輯

首先，在架構的邏輯上，掌握四個要點來檢視：（見圖 4-55）

■ 目的：確認簡報的目的是什麼？希望聽眾的反應又是什麼？

■ 開場：在一開始是否有與聽眾建立連結？讓對方清楚「與我何關？對我何益？」

■ 內容：架構是否合乎邏輯？請善用邏輯框架。加入過場頁或階段性總結，可以改善聽眾在訊息接收的注意力。

- 結尾：根據峰終定律，結尾是決定成敗的關鍵之一。聚焦總結，讓聽眾留下深刻印象，再次提醒「與我何關？對我何益？」以及喚起行動。

圖 4-55 ｜檢視架構邏輯的四個要點

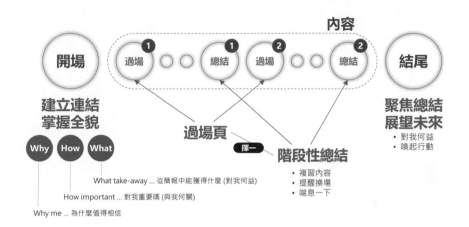

步驟❷　檢視內容層次

其次，在內容的層次上，掌握兩個要點來檢視：（見圖 4-56）

- 每張投影片中是否包含三個元素：標題、內容與重點訊息？
- 運用「留白、對齊、對比、親密」等設計原則來讓這三個元素的層次清晰可辨，然後將這些原則「重複」在所有的投影片中，維持簡報整體的一致性，降低聽眾的認知疲勞。

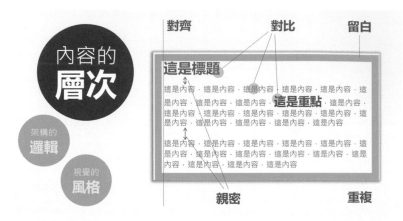

圖 4-56 ｜檢視內容層次的兩個要點

步驟❸ **檢視視覺風格**

最後，在視覺的風格上，掌握兩個要點來檢視：（見圖 4-57）

■ 使用字型不要超過兩種，一種用於標題與重點訊息，另一種用於輔助資訊。

■ 配色方案，是決定背景色、主題色與重點色。

　　當你賦予字型與色彩固定的代表意義之後，簡報對象在觀看時，就不需要再重新認知畫面中出現的字型與色彩所代表的意義，這也是降低認知疲勞的一種有效方式。

圖 4-57｜檢視視覺風格的兩個要點

- 選擇背景色，一般工作型簡報建議採用淺色深字，比如白底黑字；如果是大型會場、投影片不多或是展演時間短的演講，不妨嘗試使用深底淺字的背景色，可以展現專業感。我有一個私人技巧，是在簡報中，不要使用純黑或純白的顏色，容易造成視覺疲勞；通常我會使用帶一點灰的白、與帶一點灰的黑，在視覺上看起來會比較柔和。

- 選擇主題色，則依據企業品牌色、產業特性或簡報主題，比如說資訊與金融產業偏好使用藍色，象徵信賴、可靠、安全與負責；航運業、清潔服務業、醫療產業或健身產業也多偏好藍色，但也會有例外，請留意簡報對象的企業形象。

- 天然、有機或醫療產品會偏好使用綠色；在投資理財領域也喜好使用綠色，其中深綠代表財富、聲望，淺綠代表平靜、安寧。諸如此類，運用色彩所代表的涵義，也可以建立起與簡報對象的連結，或是拉近彼此的距離。

- 選擇重點色，則是採用主題色的對比色即可。比如說，我採用的主題色為深藍色，所以就選擇對應的對比色，黃色，做為重點色。（見圖 4-58）

圖 4-58 ｜ 對比色、相近色的選擇

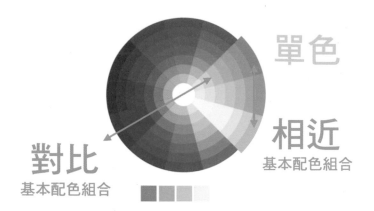

時間不夠，如何快速整合多份簡報？

過去在擔任幕僚時期，我常遇到一個狀況就是：整合各地區的業務報告。

我會收到各種風格迥異的簡報，而且往往直到最後一刻才會收到大多數的簡報。這時候，可以整合的時間所剩不多，主管又催促著你趕快準備好簡報，他要過目⋯⋯你可以想見這個場面有多令人崩潰。

在剛開始的結果總是令人難堪的，我心有餘但是時間真的不夠。但是危機就是轉機，幾次下來，我找到了一些方法，既能讓整合出來的簡報具有高品質，又不用讓自己總是在死線（deadline）邊緣燃燒自己，甚至可以分配給團隊加速整合的過程。

我是怎麼做到的？簡單來說，就是九字口訣「**先求有、再求好，還要快**」。

我用一張圖來說明，你會更清楚。（見圖 4-59）

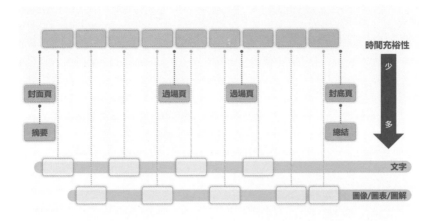

圖 4-59 │ 依據時間充裕的程度，來選擇簡報整合的做法

假設現在有三份簡報要整合在一起，在時間有限的情況下，先做封面頁、過場頁與封底頁，這是讓這些投影片成為完整的一份簡報最基本的要求。

然後，是製作摘要與總結這兩張關鍵的投影片，當你看完我在第二章會提到的「峰終定律」，應該就能理解這兩張投影片可以改變觀眾對於整份簡報的感受與印象。

時間不夠怎麼辦？先做哪一個？

我的建議是：先做「總結」，然後複製一份做為「摘要」。

時間還足夠的話，再來修改摘要的內容。為什麼？好的結尾比什麼都重要；到目前為止，是「先求有」的階段。

隨著時間充裕的程度，進一步是「再求好」的階段。從文字型的投影片開始改起，套用設計好的模板來使得標題、內容與重點的風格是一致的；然後是圖像、圖表與圖解型的投影片。先改善文字型投影片所耗費的時間較短，但效益相對高；這是讓視覺感受到一致性最快的方式，也有助於減低觀眾的認知疲勞。

最後是「還要快」的階段。幾次整合的經驗告訴我，這樣的方式還是太花時間，如果事前我就準備好模板，讓各地區製作簡報時都使用固定的模板，不就可以減少事後整合的時間？此外，我也提供前次藉由模板重新整合後的簡報做為參考，讓各地區人員更清楚該如何做，也能減輕他們製作簡報的負擔，更專注在內容的產出。

多次的磨合下來，不再是「我」負責整合各地區的簡報，而是「我們」一起完成這份簡報。

先求有、再求好，還要快。你學會了嗎？

整合參考資料的四種技巧：重製、崁入、加框、放大鏡

有時候我們取得的資料，是從報章雜誌上翻拍或掃描的圖檔，在將這些圖檔整合到簡報中可能就會遇到一些困擾，比如說圖檔太小、解析度不足、風格突兀，或者只需要剪報中的一小部分。

像這類需要將參考資料整合到簡報中的問題，可以用四種技巧來處理。

技巧❶：重製 —— 重新繪製全部、局部或示意圖來取代原本的資料

■ 清晰度或解析度可以接受嗎？

■ 如果不行，有沒有機會取得更清楚的圖片？

■ 如果不行，有沒有可能重新繪製？

■ 如果不行，能不能重新標示文字說明就好？

■ 如果不行，製作一張替代的示意圖

下面這張圖中，原本圖片中的文字模糊不易辨識，可以藉由重新標示文字說明來改善。（見圖 4-60）

圖 4-60 ｜透過重新標示文字說明來改善圖像閱讀性

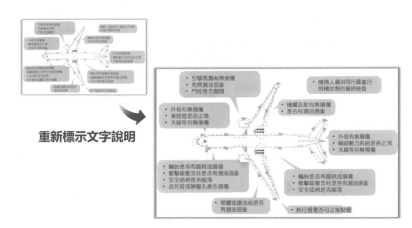

如果希望提升圖像的解析度，又找不到合適的圖片時，不妨採用圖示來做為示意圖，重新繪製符合簡報風格的圖像。（見圖 4-61）

圖 4-61 ｜透過示意圖來改善圖像解析度不佳的問題

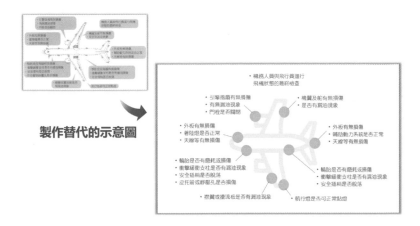

技巧❷：崁入──透過將資料崁入含有螢幕的設備圖像中，來減少突兀感

如果圖像風格與簡報有所出入，使用「崁入」做法，是個有效提升整體質感的方式。比方說，將原有圖像崁入到一個筆電圖像中，是不是看起來很不一樣呢。（見圖 4-62）

崁入的圖像格式，記得要是「可攜式網路圖形（Portable Network Graphics，PNG）」的，可以減少去背的處理作業，直接與背景融合。

圖 4-62 ｜透過崁入到一個裝置圖像中來改善圖像風格差異的問題

POINT

我推薦一個「Pingree」的網站，專門提供去背後的圖像檔案，目前提供付費與免費兩種方式，請自行留意使用上的說明有否變更。

■ 網址：www.pngtree.com

■ 參考關鍵字：device, laptop, tablet, smartphone, monitor

技巧❸：加框——整合資料最簡單的方式，就是加上加框、加陰影創造層次感

你可以幫圖案加上陰影效果（不同簡報軟體的操作可能不同，在此不多加贅述），為資料圖像創造出浮貼的層次感。即使是兩層圖像堆疊在一起，也能運用加陰影的方式，製造出前後的層次感。（見圖 4-63）

圖 4-63｜透過圖像加上陰影外框的方式，營造出層次感

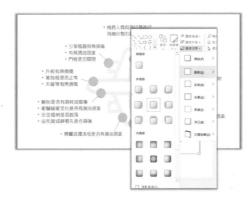

技巧❹：放大鏡——希望保有完整資料，又能凸顯局部內容的做法

以往要製作一些特殊形狀的圖像，必須藉由美工軟體或其他軟體協助。但在 PowerPoint 2013 版本開始，納入了【合併圖案】的功能，使用者可以發揮巧思，自由組合出需要的形狀。（見圖 4-64）

圖 4-64 ｜運用合併功能創造出需要的圖案

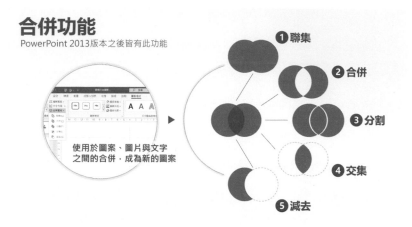

這項功能可以運用在圖案、圖片與文字之間的合併，創造出需要的圖像。
（見圖 4-65）

圖 4-65 ｜透過圖案與圖片的合併，裁剪出需要的圖像

運用【合併圖案】功能，在圖像中需要局部強調的位置加上一個幾何圖案，
比如說我這裡用的是圓形圖案，透過合併圖案功能可以裁剪出一個圓形圖像，

將其放大後加上陰影，製作出放大鏡的效果。（見圖 4-66）

圖 4-66 ｜運用放大鏡效果凸顯圖像中的部分資訊內容

放大鏡技巧，運用在文件或電路板等複雜圖像的局部說明，是相當有用的
降噪技巧。（見圖 4-67）

圖 4-67 ｜運用放大鏡效果凸顯文件中的局部內容

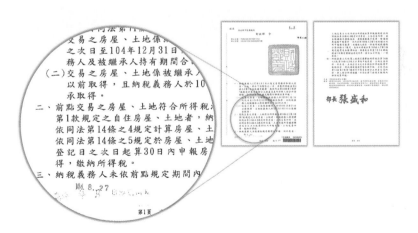

讓價值展現：從容面對報告的場景，創造職涯躍升的機會

「你的簡報做得真漂亮、好專業啊！」
「你的工作能力真棒，解決問題的能力真強！」
比起前者，我相信每一位職場工作者更希望聽到後者的讚美與肯定。簡報不只是為了解決工作場景中的問題，更是為了得到專業能力上的肯定與職涯躍升的機會。
讓上位者看見，贏得職場升遷，其實並不在於「偶然」的優異表現；而是把握每一次的簡報細節，從容面對各種報告的場合，讓有效說服成為「必然」的口碑積累。
魔鬼藏在細節裡，天使跟著口碑來。

本章教你：

⊕ 面對不同層級報告對象的簡報策略
⊕ 職場勝利組，懂得用一頁簡報來解決問題
⊕ 幫高階主管準備簡報、提升會議效率的眉角
⊕ 提升專業簡報力的七個習慣
⊕ 運用簡報打造職涯的第二人生

01 | 面對不同層級報告對象的簡報策略

　　工作型簡報，與其他簡報最大的不同在於，報告的對象通常很明確，你會知道有哪些人，他們關心的重點，甚至是對方容易接受的呈現方式。利用模組化簡報的三個步驟：定方向、找框架、拆模組，你可以很輕鬆地做出合乎邏輯、簡明扼要的簡報架構與內容。

　　不過，在日常工作場景中的報告對象，往往也很複雜。

　　你的同事、主管，甚至是高階管理者、客戶，可能都坐在同一間會議室裡，等著看你的簡報。他們有著各自關心的重點、偏好的報告形式，甚至對於簡報的目的都可能有不同的認知。

　　光是合乎邏輯的報告內容，還不足以讓你順利完成一場報告。

　　有三個簡報策略，你應該要知道，才能在相互攻防的報告過程中獲得最終的勝利：讓對方採取你期望的行動。分別是：

① 消除對方「拒絕」你的阻力

② 提供能「轉化」為實際行動的洞見

③ 符合對方「期待」的報告順序與內容高度

策略①：化阻力為助力，消除對方拒絕你的三種阻力

在向對方提出想法、溝通時，不一定都能被對方清楚地接收到，也未必能完全消化理解與認同。所以我們運用邏輯架構、視覺呈現或表達技巧，就是為了讓對方能更好消化內容，增進認同。

但是，在溝通與表達的過程中，可能會產生一些阻力，阻礙對方理解、認同，甚至是採取行動。如果我們沒有意識到這些阻力，並且消除它，就有可能成為對方拒絕你的理由。

這些影響簡報成效的阻力分別是：邏輯阻力、情緒阻力、實踐阻力。（見圖 5-1）

圖 5-1 ｜影響簡報成效的三種阻力

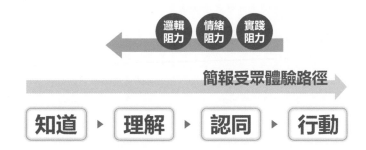

第一種阻力：邏輯阻力

你在報告中所採用的邏輯，可能只是眾多邏輯路徑中的一條。你認為合乎邏輯的說法，對方可能不這樣認為。

比方說，從商業的角度來看，你認為企業應該追求最大投資報酬率，所以資遣不適任員工與資深員工，來優化工作效率是合乎邏輯、最有效的方式。但有些人未必認同。在他們的邏輯中，可能認為改善這些員工的工作效率，才是合理的優先選項，而不是資遣他們。

當你沒有意識到邏輯上的完整性，就有可能導出自以為合乎邏輯的推論，但是在對方看來卻是不合邏輯的謬論，而達不到溝通的目的。

我們可以透過事前的簡報演練，針對內容的觀點提出根據，並試著找資料推翻它，或是尋求其他人的意見回饋。這樣做，可以使我們抱持著懷疑的態度去驗證所說的一切，同時也提前思考可能面臨到的質疑與提問。

這樣在簡報的準備上，會具備更全面的觀點，去化解可能遇到的阻力。

第二種阻力：情緒阻力

對方可能因為偏見、教條或道德準則，而拒絕接受你的觀點。比方說，談論到性別、政治或是宗教議題時，往往會有個人觀點上的不同。所以你該思考從對方的角度來看待這件事，並小心地處理，避免造成價值觀上的對立，產生情緒上的阻力。

很多時候，價值觀或是信念的差異，不是合乎邏輯就可以讓對方認同；只能予以尊重，從中找出交集的可能。

第三種阻力：實踐阻力

對方可能無法採取你期望的行動。

比方說，你要求團隊成員在週末加班，希望原定的專案計畫能提前一週完成，好趕上下週一的主管會議。也許你提供了足夠的行動誘因，但是他們仍然做不到，因為這已經超出了能力範圍。因此，喚起行動必須基於對方能力所及的情況下；如果對方評估這件事絕對做不到，一切的簡報技巧都起不了作用，因為目標設定是錯誤的。

另一種情況，是你沒有意識到對方是否有執行上的困難？如果你協助對方降低或解決這個困難，就能提高對方採取行動的意願與速度。

比方說，在向客戶窗口提案時，除了有效說服對方之外，別忘了對方回頭向他的主管報告時可能會面臨的一些阻力。適時地準備摘要說明、效益比較等文件，將有助於窗口整合資料與回報。當你解決了對方的問題，他們也才更有餘裕處理你的問題的。

在報告前，預先思考對方可能有的阻力，讓你真正地以對象的角度思考如何克服，並找出可以影響他們的可行做法。

你提供的是資料、資訊，還是有洞見的建議？

解決了對方「有聽沒有到」的三種阻力，你以為就可以順利讓他們接受嗎？實際上，對客戶與高階管理者來說，更有意義的內容是有洞見的建議。

比方說，在一場業務會議中，幾位分析人員分別做出以下的結論：

- 來到店裡的消費者中，有 92％穿著牛仔褲
- 我們擁有業界評價最高的產品
- 今年門市店的淨營收跌幅超過 3.5％
- 最近半年，新產品銷售呈現向上發展的趨勢
- 消費者對我們品牌的信任度遠勝過其他品牌
- 市場調查和門市實地測試結果，均顯示 A 行銷方案優於 B 行銷方案

如果你是決策的主管，會覺得哪些資訊對你是價值的？哪些算是洞見？

為什麼分析結果不被高階管理者採用？因為他們不信任分析，這些行銷人員、幕僚或分析人員提供的分析洞見太少，多半為後見之明，且內容簡單、顯而易見。

只有能轉化為實際行動的，才能稱之為洞見。

當你對高階管理者報告時，他們需要的是「可以進一步著手」的方向，而不是直接跳入「複雜的分析與解釋」上。他們更希望看到的，是你經過審慎評估後的可能選項，以便於做出決定或決策的依據，而不是難以判斷選項的好與壞，更不想從你的報告中自己找答案。

舉例來說，你正在向主管報告一項企劃案的目標。在沒有相關資料輔助說明之下，其實對方很難判斷這個目標設定的合理性，到底是太高？還是太低？如果希望挑戰更高目標，又會有那些限制條件或阻礙？在無法判斷目標合理性的情況下，往往就是討論沒有結論，或是要求你重新檢視目標的適切性。

你可能會感到不解「我的報告內容都有相關的資料，我就是根據這些資料設立目標的啊，自己看了不就明白了？」

如果你也是抱持著這樣的想法，我想你可以先思考一個問題：你準備了好幾天、甚至是好幾週的報告內容，希望對方在短短幾十分鐘內就能完全理解，這個難度有多高？

再試著從對方的角度思考：如果是我自己第一次看到這份報告，會希望看到什麼樣的內容？方便我做決定，而不用困難的做判斷，更不要讓我自己從中找答案。

我相信該怎麼做，你現在應該了然於胸了吧。

從大老闆到小員工，報告的重點都不同

「管理就是把事情做對；領導就是做對的事情。」這是管理大師彼得・杜拉克的名言。職場上的工作者，會因為職位高低、職務分工的不同，對於報告中關注的重點也不同。簡單分為高階管理者、中階管理者與基層工作者來看：（見圖 5-2）

- 高階管理者重視的是投資效益，所以必須先說明這是「值得去做」的事。當對方認同效益價值之後，才會想要進一步知道，這是不是「做對的事」以及如何「把事做對」。

- 中階管理者由於扮演著承上啟下的角色，一方面必須對他的主管負責，另一方面也需要領導基層工作者完成任務，著眼的是策略方向，所以首要在意的是「做對的事」，確保符合組織短中長期的策略目標；然後是「值得去做」以及如何「把事做對」，在報告時要注意順序上的不同。

- 基層工作者關心的是工作量會不會增加、事情該如何去做好之類的執行細節，比起「做對的事」與「值得去做」，那些不是由他們決定或考量的，更在意的是如何「把事做對」的細節。所以在面對這些工作者進行報告時，要先說明如何「把事做對」，然後是「值得去做」與「做對的事」，但是必須注意如何與他們建立連結，也就是這件事與他們的關聯：做對的事，與他們有關；對他們有益，值得去做。

圖 5-2 ｜職位高低，影響報告的細節，重點也不同

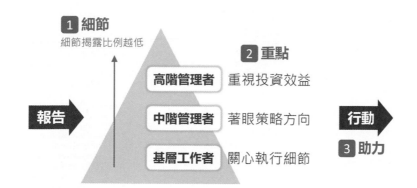

同時對大老闆和基層簡報，怎麼說才漂亮？ . . . .

現在你知道：不能對所有人都用相同的方式報告。

但是，在會議討論、進度報告這類的報告場景中，報告的對象通常不會只有主管或同事，往往還有高階管理者與其他人員也在現場，那麼又該如何安排報告的內容與重點呢？

我的建議是：由上而下，依序滿足高階管理者、中層管理者到基層工作者的需求。

在簡報內容的鋪陳上，除了原本準備的簡報之外，最好再加上一頁總結與精簡摘要。（見圖 5-3）

- **一頁總結**：說明簡報的目的、關聯與效益，讓所有人能掌握報告全貌，同時也是回應高階管理者最關心的重點：值不值得去做？對於組織目標來說，是不是做對的事？
- **精簡摘要**：將簡報內容進行模組化拆解為關鍵訊息、強化根據與佐證資訊，然後將關鍵訊息整合為精簡摘要，來回應中階管理者想知道的內容重點。
- **完整簡報**：對於基層工作者來說，作為展開工作的參考依據。

图 5-3 ｜面對不同報告對象的簡報準備方式

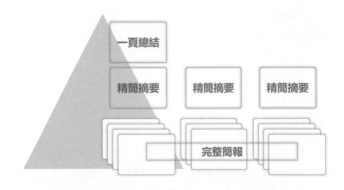

　我用模組化簡報解決 99.9% 的工作難題

用這樣的方式準備簡報有三項好處：

① 有策略地回應不同層級對象的需求。

② 在時間壓力下，有餘裕可以調整報告的重點與內容。

③ 消除報告對象的實踐阻力。

關於前兩項好處，前面已經有所說明，這裡就不再多加贅述，我想強調的是第三項。

如果希望提高報告對象採取行動的意願與速度，就要消除對方的實踐阻力。

■ 基層工作者可能在執行上需要細節說明與注意事項

■ 中階管理者可能要向他的主管或團隊成員轉述報告內容

■ 高階管理者可能向經營團隊、投資者或合作夥伴，簡要說明整體的策略規劃

一頁總結、精簡摘要，無疑是幫他們省下了自行整理的功夫，讓他們更順利展開後續的行動，自然有助於簡報目的的達成。

02 │ 職場勝利組，懂得用一頁簡報解決問題

微軟的研究顯示：人的專注力比金魚還不如。

微軟曾經針對 2000 名參與者所做的調查，發現現代人專注於一件事物的時間愈來愈短，已從 2000 年的 12 秒，降至 2013 年的 8 秒，比金魚的平均 9 秒專注力還低。

這是由於智慧型行動裝置的盛行、過多的資訊來源所導致的注意力下滑。

多數人對於與自己無關的東西並不感興趣，特別是高階管理者每天面對海量的資訊，如果你在報告時無法立即切入重點，無法說中主管心裡想聽；那麼，就不會引起對方的關注，自然也不會想聽你說下去。

在對方分心之前，就切入重點

人的專注力有限，只要你表達的內容不夠吸引對方，注意力很快就會轉移到其他手機或是筆電。

因此，不論是溝通或是報告，請你一定要把握一個關鍵：那就是在對方分心之前，就切入重點。根據我過往的職場經驗，不論是溝通、口頭報告或是正式簡報，其實在一開始的三分鐘，就決定了對方會繼續聽下去，還是轉移注意力去做自己的事。

那麼，要如何在最短的時間內抓住對方的注意力呢？

答案是：一張投影片，就說完重點。

別讓你的努力，成為報告時的無能為力

對於許多工作者來說，會有一個迷思，那就是「只要我把報告做好，對方自然就會專心聽。」

事實上，報告做好是應該的，而能不能讓對方專心聽你說，就是你的責任了。即使你的報告內容再精彩，如果對方沒有感受到這與他們有關、有用，多數人是不會把注意力放在這上頭的。

「你花了好幾天準備的報告，結果因為短短的三分鐘而功虧一簣。」這豈不是很可惜？

所以你必須懂得如何在一開始的三分鐘內，就把話說清楚、講明白，成功吸引對方的注意力，讓他們有意願聽下去。

在協助企業顧問服務的這些年，我也發現愈來愈多的企業，會要求員工做出一頁報告，以節省開會的時間與提升效率。即使主管沒有要求，你也該懂得用一頁報告讓對方快速的掌握全貌，清楚地知道你接下來要說的重點是什麼？他可以獲得什麼有用的資訊？

還記得我提到過的亞里斯多德溝通三要素嗎？人格、情感與邏輯，就是提升說服力的關鍵！

- 人格，就是給對方聽你說、相信你的理由

- 情感，就是讓對方知道這與他們有關、對他們有價值

- 邏輯，就是向對方說清楚、講明白他們會聽到什麼

你該做的就是在一頁報告中，同時展現出這三個要素，讓對方知道你要說什麼？為什麼是由你來說？這與他有什麼關係？對他又有什麼價值？

做好一頁報告的關鍵，就在模組化內容中

很多人問我「一頁報告到底該說什麼？」

其實，答案就在模組化簡報的內容中。我在第二章中，說明了三段式鋪陳、三階式拆解，將簡報內容模組化的做法。而一頁報告的內容，就是「開場」加上內容中的「關鍵訊息」。（見圖 5-4）

圖 5-4 ｜從模組化內容中抽取出一頁報告的內容

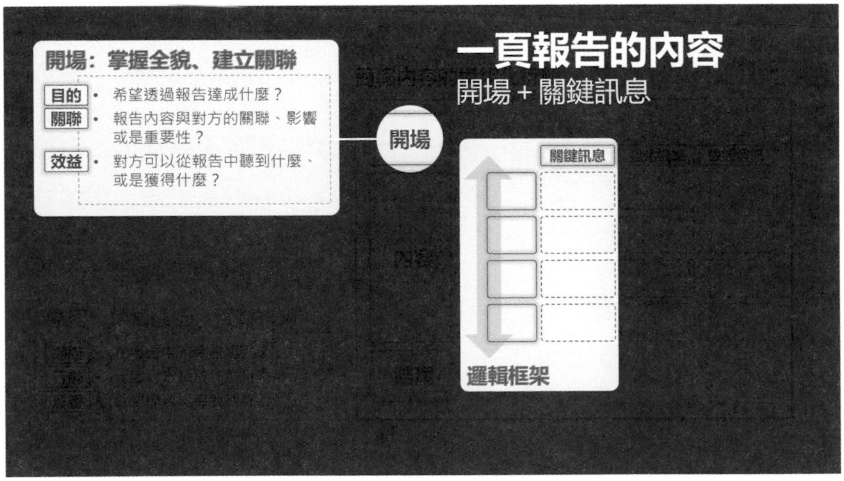

舉例來說，我希望藉由成果報告來讓主管看見專案的成果價值。

這是屬於「成果價值」的場景，我利用「課題框架」作為報告的架構，完成了一份簡報。而一頁報告的內容，則是將簡報「內容」的「關鍵訊息」抽取出來，與「開場」的資訊結合。（見圖5-5）

圖5-5 ｜用一頁報告來展現專案成果

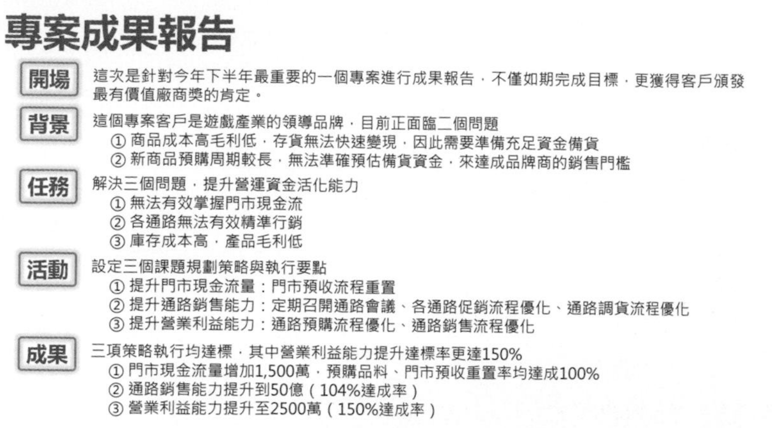

專案成果報告

開場 這次是針對今年下半年最重要的一個專案進行成果報告，不僅如期完成目標，更獲得客戶頒發最有價值廠商獎的肯定

背景 這個專案客戶是遊戲產業的領導品牌，目前正面臨二個問題
　　① 商品成本高毛利低，存貨無法快速變現，因此需要準備充足資金備貨
　　② 新商品預購周期較長，無法準確預估備貨資金，來達成品牌商的銷售門檻

任務 解決三個問題，提升營運資金活化能力
　　① 無法有效掌握門市現金流
　　② 各通路無法有效精準行銷
　　③ 庫存成本高，產品毛利低

活動 設定三個課題規劃策略與執行要點
　　① 提升門市現金流量：門市預收流程重置
　　② 提升通路銷售能力：定期召開通路會議、各通路促銷流程優化、通路調貨流程優化
　　③ 提升營業利益能力：通路預購流程優化、通路銷售流程優化

成果 三項策略執行均達標，其中營業利益能力提升達率更達150%
　　① 門市現金流量增加1,500萬，預購品料、門市預收重置率均達成100%
　　② 通路銷售能力提升到50億（104%達成率）
　　③ 營業利益能力提升至2500萬（150%達成率）

透過一頁報告的內容，我可以在三分鐘內完成報告，讓主管掌握全貌與重點：專案成果優秀，不僅順利達標也超乎客戶期待，並獲得年度最有價值廠商的殊榮。

你可能會問：如果我的報告不是用書中的模組化簡報所做的，那麼一頁報告又該怎麼寫？

完全沒有問題！事實上，我在企業進行培訓時，即使學員提供的報告有上百頁，我也能將內容整合出一頁報告，我是怎麼做到的？其實做法與上面這個案例是相同，只不過是先擬定一頁報告的架構，然後再從簡報中萃取出對應的重點內容。

舉例來說，有一次我在某家企業進行問題分析與解決的培訓。

那次的演練是以「如何讓會議在預定時間內結束？」為主題，找出造成問題的原因與對策。在演練結束後，我要求他們使用邏輯框架中的「問題框架」為架構將內容整理為一頁報告，向主管報告產出成果。（見圖 5-6）

圖 5-6 ｜運用「問題框架」將討論結果整理為一頁報告

如何讓會議在預定時間內結束?

情境 會議總是拖太晚。

衝擊

課題 1 改善會議時間控管流程。
2 提升個人報告技能。
3 加強討論進行方式的效率。

對策 1 ✓ 會議前先排定適當的議題數量與時間，並保留空白時段以供突發議題討論。
✓ 在每個議題時間結束前十分鐘提醒報告者控制時間
✓ 對於議題提問先行紀錄，會議結束再行複誦確認，壓日期請相關人員回覆。

2 ✓ 提供會議報告格式模板，作為議題報告者參考，減少報告的風格差異。
✓ 安排內部講師分享會議簡報技巧，強化相關人員的報告能力。

3 ✓ 對於議題提問先行紀錄，會議結束再行複誦確認，能簡要回覆者就在現場回覆，並做紀錄；無法立即回覆者，壓日期請相關人員回覆。

「老師，我們的一頁報告中有的內容寫不出來耶，怎麼辦？」有學員提出了這樣的問題。

「沒關係！只要思考一下，將內容補齊就好了。」由於一開始學員並不是使用邏輯框架來發想的，所以在事後運用問題框架來整理的時候，就有可能出現缺漏的狀況。那麼，我們只要思考如何取得缺漏部份的資訊就好。

最後，學員們討論出了內容，順利做出完整的一頁報告。（見圖 5-7）

圖 5-7 ｜補齊完整內容的一頁報告

如何讓會議在預定時間內結束?

情境 會議總是拖太晚。

衝擊 會議無法準時結束，導致影響與會者後續的工作時程；此外，會議中討論沒有進展，沒有具體決議事項，形成與會者的時間資源浪費。

課題
1 改善會議時間控管流程。
2 提升個人報告技能。
3 加強討論進行方式的效率。

對策
1 ✓ 會議前先排定適當的議題數量與時間，並保留空白時段以供突發議題討論。
　 ✓ 在每個議題時間結束前十分鐘提醒報告者控制時間
　 ✓ 對於議題提問先行紀錄，會議結束再行複誦確認，壓日期請相關人員回覆。
2 ✓ 提供會議報告格式模板，作為議題報告者參考，減少報告的風格差異。
　 ✓ 安排內部講師分享會議簡報技巧，強化相關人員的報告能力。
3 ✓ 對於議題提問先行紀錄，會議結束再行複誦確認，能簡要回覆者就在現場回覆，並做紀錄；無法立即回覆者，壓日期請相關人員回覆。

03 | 幫高階主管準備會議簡報的眉角

做簡報已經是上班族的基本功。

舉凡工作報告、市場調查、活動企劃或是商務提案，都會透過簡報來呈現；但是，如果今天上台簡報的不是你，而是你的高階主管，你該如何準備這份會議簡報呢？

幫高階主管準備簡報最令人頭痛的一點，就是不知道他到底要說什麼？我過往擔任幕僚時，經常需要為高階主管準備簡報，甚至還有為素未謀面的主管製作簡報的經驗。

我的建議是，先檢視自己對於簡報主題的熟悉度，以及簡報者對於這個主題的掌握度，有三種方式可以幫助你找到簡報準備的方向：

① **換位思考**：如果你對於主題相當熟悉，對會議的背景緣由也非常了解，甚至這是你的專業領域，在一定程度的信任之下，你絕對可以代為操刀，高階主管也很放心地交給你。（我建議高效工作者可以朝這方向發

展，絕對是最輕鬆愉快的模式。）

② **主動溝通**：如果你對會議的背景緣由不太清楚，對內容也不是很有把握，我建議你應該多跟你的高階主管溝通，而且每完成一個階段（5~10%）就向他報告進度與確認方向是否有偏離主題。

從另一個角度來看，高階主管從頭到尾都有參與，即使簡報結果不如預期，也不至於怪罪到你頭上。

③ **提綱討論**：最糟糕（也可以說是最常見）的情況是，你和你的高階主管都沒有頭緒，這時候我建議你可以先試著提出一版報告綱要，來讓高階主管「指正」和「修正」方向。相信我，很多人可能不知道他要的是什麼，但很清楚什麼不是他要的；有了起頭，後面很快就能找到方向。

合乎邏輯的架構是必要的，但關鍵在於保持彈性

依據主題、場景設定與強調焦點的不同，你可以選擇一個或是結合多個邏輯框架來發展你的簡報架構。我建議可以提出二到三種方案，讓高階主管做選擇，或許也能給些意見，在彼此都有參與的情況下，對方會對報告內容更有認同感。

舉例來說，過去我幫高階主管準備策略提案的簡報時，會習慣採用「主題框架」與「議題框架」當成報告的架構。

① **主題框架**：因為高階主管面對的對象，幾乎都是更高階的管理者，對於策略提案更關注的會是整體影響與效益。因此採用這個框架來說明目的、關聯與效益，會符合報告對象想聽的高度。

② **議題框架**：以核心價值主張作為強調的重點，也是策略提案有效的一種方式。採用這個框架先提出策略的核心價值，再說明三到四個支持論點的理由與案例佐證，最後再重申一次策略的核心價值。

如果你有機會為高階主管準備簡報，不妨參考我的做法。

提出兩個架構規劃的方案，是因為有比較的基準，會讓人容易做出決定。當你只提出一種方案，其實對方很難判斷這個方案是好、還是不好？心中可能就會想著會不會有更好的做法。這種騎驢找馬的心態往往會讓整份簡報的製作時間拖得很長，直到上台報告前都可能還在修改。

但是在內容的發展上，切記要保持彈性，不要做的太過精細，因為要上台報告的是你的高階主管，他可不希望因為稿子沒背好、或是一個細節回答不出來，而搞砸了這場簡報。

這些高階主管大多都有隨機應變、臨場發揮的功力；所以，讓簡報內容保持彈性，不要揭露太多細節，將細節都放到附件中以備不時之需，剩下的就好好欣賞你的主管如何即興發揮了。

做好只能一張投影片的準備

高階會議的與會人員大多為高階主管與重要幕僚，雖然有議程時間的安排，但如果你的簡報不是言之有物，通常很快就下台一鞠躬。

由於每次會議的成本極高，加上臨時有客戶來訪或其他更重要的事而變動議程，簡報者可能只有短短十分鐘可以進行簡報或是口頭簡單報告，這時候一張關鍵的投影片就顯得很重要。

這一張投影片，可能是結論、重要議題，或是關鍵的圖表，目的在於驅使決策者做出決策、同意採取後續行動，或是取得承諾。

不要放棄提升簡報視野與職場高度的絕佳機會

當高階主管需要部屬準備會議簡報時，相信很多人心中的想法可能是

「拜託不要是我……」

「我又不是主管，關我什麼事……」

「我怎麼知道他要報什麼……」

如果你只停留在自己的角色層級來思考這一件事，我想當你有一天成為高階主管時，可能會相當後悔當初為何錯過這些磨練自己的大好機會。有些能力不是等你成為了那個角色才要具備，而是因為你具備了那些能力，才得以勝任這個角色。

況且，即使你沒有這個頭銜，一樣可以透過各種方式展現自己的影響力，而製作簡報就是一個相當好的機會，讓你展現自我的專業價值，更有機會讓更多高階主管看見你。同時，從簡報製作前的素材收集與討論，你可以從高階主管身上學習到他們的思維，訓練自己提升思考的高度。

如果你有機會參與高階會議，更可以得以窺見高階主管是如何進行簡報的？他們又是如何應對與會高階主管的提問與刁難？這些攻防過程，絕對不是你在教科書上可以學到的。

因為身為幕僚，加上簡報能力還不錯，我得以有許多機會為高階主管準備會議簡報，甚至與會參加，也因此學習到許多管理與經營策略思維，對我的職場視野與職涯發展也有十足的影響。

如果你現在正愁於不知如何準備會議簡報，不妨參考我的做法，好好把握機會磨練自己，善用會議簡報發揮你的影響力。

04 | 簡報遇到瓶頸？因為你還沒養成提升專業簡報力的七個習慣

我們常希望可以用更快速的時間，製作出更專業、更吸睛的簡報。

除了熟練簡報軟體的操作、大量累積簡報製作的經驗之外，有沒有什麼訣竅可以更有效地學習和精進簡報技巧呢？

在我剛進入職場的那幾年，因為簡報能力還不錯，時常被主管與同事稱讚，於是我花費更多心力在工作的簡報製作上。很多時候，我並沒有充裕的時間可以準備，常常熬夜加班仍然來不及做完，結果總是在最後一刻草草了事，影響了工作進度，也影響了主管對我的評價。

有一次，主管找我聊了一下，並告訴我：完成工作是你的責任，做好報告也是；如果報告不能發揮該有的效果，那麼做得再漂亮也沒有意義。

這段話狠狠地打醒了我，也改變了我在簡報製作上的思維：以終為始，從簡報目的出發。

而簡報的目的只有一個，那就是解決問題。所有的簡報技巧與技術，都是為了能更有效、快速地達到這個目的。更具體來說，就是「先求有、再求好、還要快」這九個字。

從目的與對象出發，確保簡報的架構與內容能滿足對方的需求、有效達成簡報的目的；再思考如何提升視覺上的呈現、表達上的技巧，來優化簡報對象的體驗。最後，加速從思考到產出的過程，用更省時、省力的方式完成一份簡報。

而模組化簡報，就是一套能有效解決以上問題的技術。

除此之外，我也歸納出七個習慣，對於我在簡報能力的學習與訓練上有著相當大的幫助。這七個習慣分別是：

① 運用斷捨離的思維

② 兩個方案不嫌多，三個方案恰恰好

③ 換位思考

④ 邏輯上的自問自答

⑤ 簡報的本質思考

⑥ 設計的基本功：五項原則、四種表現

⑦ 沒有最好，只有更好

Habit #1 運用斷捨離的思維

斷捨離，是雜務管理諮詢師山下秀子提出來的概念，意指「斷絕不需要的東西、捨去多餘的事物、脫離對物品的執著」，藉由對物品進行「減法」來為

自己的生活加分。

當初看到這個概念時，心想「斷捨離」的思維其實也可以運用在資料整理與簡報設計上。

① 提升資料整理的效率：斷絕不需要的資料、捨棄多餘的素材、脫離對蒐集的執著

② 提高簡報設計的效能：斷絕不必要的元素，捨棄多餘的資訊，脫離對設計的執著

首先，在資料整理上做好三件事，來提升工作效率：

■ **文件夾管理**：運用資料夾、檔名、日期等編碼，提升索引的效率。

■ **靈感庫建立**：創意沒有捷徑，而專業就展現在細節上的處理。靈感很少靈光一現、想有就有，天賦也可能有疲乏的時候，更多的是源自平時的所見、所聞、所想。藉由大量的閱讀體驗，蒐集喜歡的、需要的，間隔一段時間就檢視，並刪減、移除過時的、熟記的、沒用的，累積到一定程度，這些養分就會進入潛意識，轉化為「直覺」等候取用。

■ **作品再思考**：我習慣在自己簡報的備忘稿欄位，寫下註解與說明文字，也會針對每一次演講或培訓簡報寫下逐字稿。隔一段時間，拿出來看看，將一些新的想法再次寫下。這是一種與過去的自我對話的方式，也是一種時間與訊息的反思。

其次，在簡報設計上思考三件事，來提升產出效能：

■ **簡報是一種減法哲學**：如何用更少來表達更多？在設計簡報時可以這樣思考：如果拿掉這個元素，對表達上有沒影響？如果用口語表達會不會更好？斷絕不必要的元素，減少對於簡報對象的視覺干擾。

■ **資訊是必要還是需要**：資訊的呈現，要思考哪些是必要的（Must be），那些是做為輔助參考的（Nice to have）；資訊的呈現應該是為了降低理解的門檻，而不是呈現我們花費了多少努力。我們都知道要化繁為簡，但是在設計簡報時又常常會有一種迷思：如果將簡報濃縮成十頁或更少時，對方會

不會覺得我投入的時間只有這樣？我沒有放進簡報的部分，會不會讓對方覺得我沒有想清楚？錯把簡報的頁數和版面的字數多寡，當作是個人努力的成果。

■ **簡報是為了解決問題**：當我們在設計簡報上有一些心得後，往往會開始在意「設計感」這件事，開始在投影片上試圖多加些什麼讓它更有設計感、讓它更與眾不同，反而忽略了簡報的本質：降低理解的門檻、提高認同的力道、創造行動的誘因。

Habit #2 兩個方案不嫌多，三個方案恰恰好

在商業場景中，準備三個方案對於說服主管、客戶絕對是有幫助的。

單一選項的「是非題」容易陷入讓對方有「這是不是最佳方案？」的想法，因此對簡報的成效大打折扣，產生許多不必要的疑問，這是因為沒有比較基準的緣故。

而提供多個選項的「單選題」甚至是「複選題」，因為有相互比較的方案，往往更能凸顯預定方案的好，不僅容易被採納，也能感受到你的思慮周到與專業度。即使採納的不是預定方案，也能進一步思索對方考量的觀點，也許能補足自己思慮不周的部分。

過去我在準備提案時，總是會以「情境模擬」的方式展現三種方案：

① **保守方案**：考量現有限制與風險最小化的情況下，所提出的方案。

② **穩健方案**：考量現有限制與可承受風險的情況下，所提出的最佳方案。

③ **積極方案**：考量現有限制可以突破、願意承擔較大風險，所提出的方案。

在方案提出的順序上，我會這樣安排：穩健方案、積極方案與保守方案，最後再以一張圖說明三個方案的限制條件、預期效益與風險評估。

通常主管或客戶會難以做決定，不外乎兩個因素：

■ 現有資訊不足以做判斷

■ 優缺點不相上下無法衡量

特別是要對方做「要、不要」的決定時，更是會面臨這樣的「決策困境」。為什麼難以下決定？因為要負責。但是當你提供一個情境模擬、一個評估可能風險之下所提出的三種方案，不僅增加了對方判斷的資訊，也讓決策有了模糊的彈性，因為你賦予了決策「風險機率」的概念。

不論是簡報架構、解決方案，還是投影片設計，強迫自己多想一想有沒有第二種可能性？最初想到的往往是多數人都想得到的，多花點心思想出第二種、第三種甚至是第四種；可能第一種還是相對最好的，但你的產出只會更精彩，也能作為下一次簡報的參考。

Habit #3 換位思考

當你在設計簡報時，換個角度想想簡報使用者（可能是你或是別人）、想想目標群眾。遵循設計原則的理念固然重要，但站在大眾的角度往往更能看出問題所在。

從目標群眾的立場來思考，他們希望看到什麼樣的資訊？對於色彩的辨別上有沒有障礙？這份簡報會被用在什麼地方？用什麼媒介呈現？有多少時間可以聽或看這份簡報？

尤其是時間限制這一項很常被忽略。當你希望對方在短時間內就能充分理解你的簡報，有沒有想過自己花了多少時間在蒐集資料、消化資訊，以及製作簡報上？當你站在目標群眾的角度思考時，才會與他們產生連結，簡報的內容才會引起共鳴。

當別人說「這裡看起來好像怪怪的……」時，不要馬上駁斥對方，試著接受再調整看看。

Habit #4 邏輯思考的自問自答

對於簡報中所呈現的內容、元素、顏色、排列等形式，試著自問為何這樣做？這樣做又能達到什麼效果？每一樣都不該是憑感覺，而是有理可循的。如此做可以讓你在面對主管、客戶的需求時，更清楚地給出回應，以及思索更多可能性。

同樣地，在簡報架構上也應該檢視架構的邏輯合理性。

簡報中每一張投影片，都是為了往下一頁推進，而不是隨意擺放的。對於一張投影片中所呈現的資訊，應該自問兩個問題：

① 為什麼這樣？（Why So？）
② 然後呢？（So What？）

對應這兩個問題的投影片應該就在這份簡報當中，而且排列的順序也該合乎邏輯性。

Habit #5 簡報本質的思考

工作場景中的簡報，目的在於解決問題、採取行動。

簡報本身只是輔助，是為了更好的理解與認同，不要執著於複雜的設計，或是精美的圖示。簡報的內容可能會隨著討論的過程而需要被更改，保留容易修改的彈性是必須的考量。

好的商務簡報應該是「不是說你想說的，也不是說對方想聽的，而是以對方容易接受的方式，說你該說的；不只達成目的，更要省時省力。」（見圖 5-8）

圖 5-8 ｜ 商務簡報的本質

簡報的本質是

不是說你想說的
也不是說對方想聽的

是以對方容易接受的方式
說你該說的
不只達到目的更要省時省力

　　企業在看待一份簡報的價值，會考慮到「成本、時間、效率」的觀點，以更少的時間、更容易的方式，正確達到目的，而這也是企業在衡量所有商業活動價值的考量。

Habit #6 設計的基本功：五項原則

　　你可能聽過或看過不少關於簡報的設計技巧，大多都是從格式塔理論衍生出來的。

　　格式塔理論的四大基礎：整體性、具體化、組織性、恆長性，就像是數學中的加、減、乘、除一樣，幾乎所有的視覺原理都離不開這四個基礎，運用在簡報設計上，只需要知道五項原則：

① **留白**：邊框、畫面上的留白，可以讓視覺喘息，減少壓迫感。

② **對齊**：畫面上元素之間的對齊。

③ **對比**：運用大小、顏色、形狀或數量，來創造出資訊的層次感。

④ **親密**：讓畫面上的元素有明顯的群組化的區塊來區隔。

⑤ **重複**：將以上四項原則以相同的規格，套用到每一張投影片中。

應用在簡報設計中，不外乎是文字、圖表與圖文搭配等類型的視覺呈現，你可以在第四章找到詳細的介紹與技巧說明。

有效提升視覺設計的方法，就是多觀摩、多練習。不論是自己的作品或是觀摩得來的作品，都可以分門別類做整理，形成自己的資料庫。日後要進行簡報設計時，先定位投影片是屬於哪一種表現方式，從參考對應的資料庫，就能省下再次蒐集的時間，專注在內容的構思上。

Habit #7 沒有最好，只有更好

保持謙遜，永遠抱持著還有未知的可能性。

你所做出來的簡報，只是「截至目前」的最好，你還可以做出更好的。

05 | 用簡報打造個人職涯的第二人生

簡報能力，不但是職場工作者必備的技能，也是成為自雇者的基本條件。

近年來，斜槓、多工、自雇者等議題十分火熱。

成為自雇者儼然成為職場工作者的未來趨勢，不論是看不到職場未來的年輕工作者、還是面臨著可能失去戰場的資深工作者，已經不少人投入了自雇者的市場，還有更多人觀望著、遲疑著要不要踏出這一步？

在現今的商業世界，已經不能再期待一家企業永續存在，企業也可能以不同的形式發展或衰敗，企業中的組織與人員就會做出對應的調整。有時候不是你能力不好，只是組織不再需要你了；所以，擁有隨時可以離開的能力，是你保護自己最好的方式，你可以再創一片天空。

不做自雇者，也該懂得自雇者思維

你不一定要成為自雇者創業，因為這和內在特質與外在條件有關；但你應該要有「自雇者思維」的意識，即使身處於企業之中。畢竟在這個時代，能不能做為受雇者，已經不完全由自己決定，甚至跟能力強弱無關。

什麼是自雇者思維？就是具備「創造價值、展現價值與變現價值」的能力。

創造價值，靠的是你的專業技能與經驗；展現價值，靠的是你的表達與溝通能力。而簡報能力就是表達與溝通能力的具體展現，包含了製作簡報（presentation）與報告（present）的能力。

「我的工作不需要製作簡報，還需要具備簡報能力嗎？」

許多人對於簡報都有著這樣的誤解。事實上，只要你需要與人溝通、表達自己的想法，需要說服對方、甚至是談判爭取權益，即使不需要製作簡報，也要懂得簡報，為職涯躍升或是職涯的第二人生做好準備。當你具備了自雇者思維，就會懂得用更省時、省力的方式來完成工作，創造更大的價值；不只完成工作，也會知道如何展現自己的專業價值。

這不僅僅在職場上獲得進一步躍升機會的關鍵，更是有志成為自雇者必備的條件之一，無法創造價值、展現價值的自雇者，是禁不起市場的考驗的。

有一技之長，還要懂得行銷自己

阿基米德說過：「給我一根夠長的槓桿，放在一個支點上，我就能舉起整個地球。」

任何系統都有槓桿點，無論是真的有槓桿和支點的機械系統，還是一般人的職涯與生活這種比較複雜的系統。付出同樣的努力，為什麼有的人會獲得相當大的回報，有的人卻沒有呢？關鍵就在於有沒有把槓桿和支點，放在更具策略性的位置。

如果將網路的每一個節點，想像成眾多的「支點」，只要選對支點就能創造出相當驚人的效果，而且是數以倍計的，比如說「網紅經濟」與「知識變現」。

人人都可以打造個人品牌，為自己創造精彩、為品牌創造價值。

展現價值的能力，除了簡報能力，也不能忽略行銷自己的重要性。自雇者該如何展開自我品牌的行銷？我的建議，是從「品牌定位」與「品牌行銷」兩方面著手。

首先，品牌定位，就是找到你與競爭對手的差異點，給客戶一個選擇你的理由：

① 誰會是當下的競爭對手？在不同的發展時期，競爭對手可能也會改變。

② 如何找出差異點？當市場提到哪一類產品或領域時，目標客戶會優先想到你？

首先從外部市場出發，釐清用戶需求、用戶痛點、競爭對手，然後找出差異化的方法，也就是你如何與眾不同？

其次，品牌行銷有三種方式：

① 廣告，就是自己說自己好

② 公關，則是讓別人說自己好

③ 內容行銷，是你做好一件事，讓別人主動來買你的產品

這三種方法的選擇，根據你的個性、客戶的調性與主要產品的話題性來考量偏重某一種方法，或是三者組合使用。以我自己為例，是將下廣告作為初期策略，當作公關與內容行銷作為中、長期策略，藉由持續地分享寫作與簡報作品來累積數位足跡、提升能見度，透過演講與企業內訓來累積個人品牌的口碑。

善用數位工具，打造個人品牌與一人事業 ....

如果我有一技之長，希望藉此創造收入，該怎麼做呢？首先你必須讓市場與客戶看得到、查得到、買得到。現在有許多數位平台／工具可以幫你做到這些，而你應該努力地留下數位足跡。

我的操作方式是這樣：因為我是定位為知識型自雇者，所以內容的產出相對重要，是價值展現與價值變現的基礎。（見圖 5-9）

■ 利用簡報軟體將內容透過文章、圖像、簡報、影音等方式製作成素材。

■ 將素材放置在部落格發布平台（如 Blog、Medium）、全球最大簡報分享網站 SlideShare 以及 YouTube 上當成我的成品庫。

■ 再將素材上傳到社群網站（LinkedIn、FB、IG）增加曝光率，這屬於被動防守，因為觸擊率不高。

■ 另一方面，可以將素材透過 E-mail 或 Line@ 來發布，這屬於主動進攻，相對觸及率較高。

圖 5-9 ｜善用數位工具打造個人品牌

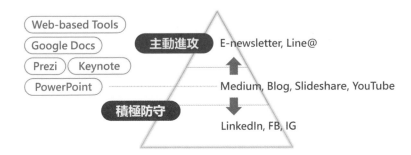

數位工具打造個人品牌

我的所有素材都是利用簡報軟體一次性地完成，然後以不同形式產出，像是簡報、文字、圖像或影片。除了素材之外，簡報還可以幫你完成很多自雇者會需要用到的工具，比方說：

個人簡歷（Resume ╱ Model Card）

你可能需要一頁精簡的個人簡歷來展現自己，不論是實體印刷或是數位格式，都可以透過簡報輕鬆地製作出來。（見圖 5-10）

圖 5-10 ｜將個人簡歷做成一張投影片

劉奕酉 Kevin

▎鉑澈行銷顧問｜策略長
▎簡報・簡單報｜創辦人
▎資策會產業顧問學院特聘講師
▎政大創新育成中心顧問、中大職涯輔導業師

竹科半導體上市公司十多年策略行銷與高階幕僚經驗、擅長邏輯思考、策略提案、數據分析、銷售與商務簡報等，現為商務簡報顧問與企業培訓師。

台灣微軟、台灣松下、鼎新電腦、聯詠科技、新加坡商安富利、慧榮科技、太古可口可樂、中國信託、遠東新世紀、富邦集團、三商美福、日勝生集團等三十多家上市櫃企業；經濟部水利署、教育部、體育署、行政院國家資通安全會報技術服務中心、新北市議會、中華奧會、國教院、金融研訓院、台北捷運公司等十多家政府機關團體；台大、清大、交大、成大、政大、中央、北科大等十多家大專院校。

募資簡報／銷售簡報（Pitch Deck ╱ Sales Kits）

創業初期當你需要募資時，絕對需要一份募資簡報（Pitch Deck），用來說服投資人以取得資金、吸引志同道合的合作夥伴、尋找技術支援的協力廠商、或是參加新創競賽爭取獎金與媒體注意等。

另一個也是相當重要的，就是面對客戶／用戶的銷售簡報（Sales Kits）。

銷售簡報的架構，採用「主題框架」來組織（見圖 5-11）

- 品牌認知（我們是誰？我們做什麼？）

- 領域專業（我們能幫你什麼？我們能如何幫你？）

- 購買誘因（為何你需要我們？可以在哪找到我們？）

圖 5-11 ｜ 銷售簡報的架構

細節可能因人而異，關鍵在於「揚長避短」與「客戶／用戶關心的重點」，對於新客戶／用戶與既有客戶／用戶所強調的重點也不太一樣，通常會準備不同版本。你可以在第三章找到關於銷售簡報的完整說明。

行銷素材（Marketing Col-laterals）

舉凡廣告（Banners）／傳單（Flyers）／海報（Posters）／型錄（Catalogs）／展演（Roadshow）／推廣文件（Promotion Materials）／文案（Copy-writing），在預算考量下都可以自行透過簡報來完成。

運作管理（Operation Management）

從行程規劃、會議提案、進度報告、年季月報、知識管理等組織運作與經營管理，都是簡報可以發揮的範疇。

培訓教材（Training Materials）

如果你提供的商品是培訓相關，簡報更是不可或缺的工具之一，包括培訓簡報與培訓講義。

以講師作為初期市場切入點，該如何定位？

專業工作者在轉換跑道成為自雇者，面臨的共同問題就在於如何與需求對接？如何喚起需求的動機？

很重要的關鍵是，自雇者在市場上的定位，包括初始定位與目標定位。沒有定位，無疑是亂槍打鳥，即使填飽了肚子依舊空虛；錯誤定位，可能會迷失自己，然後進入四處拜師繳學費的無間地獄。

如果你有興趣成為知識型自雇者，或是希望將你的專業變現創造職涯的第二曲線，那麼我建議可以從「講師」出發。這是一個進入門檻相對低，要做到養活自己、甚至到達金字塔頂端是非常困難的一個行業；但也是一個永遠會給新手充足機會的一個行業。

對於講師或培訓師，許多人的刻板印象就是：我口條不好、又不懂得控場技巧，可以當講師嗎？於是上了許多表達課程、學習授課技巧，但還是不得其門而入，其實有可能是你對自我的定位錯了。

就如同一條魚，費盡苦心學會了爬樹的技巧，卻比不上猴子來得靈敏，而且可能仍然被視為一條魚，無法融入猴群或是森林的生態圈。

離開了原有的生態圈，並不意味著必須放棄原有的優勢；選擇進入一個新的生態圈，除了武裝自己，更重要的是找到正確的定位。

從市場區隔找正確定位

如果將市場以專業度與急迫度切分為四個象限，你會發現有一塊市場是專

業度高、急迫度強的，在這一塊市場的學習門檻高、學習動機強，比起授課技術與表達技巧，更需要你的專業能力，尤其是能解決他們眼下的複雜問題。（見圖 5-12）

圖 5-12 ｜從培訓市場的區隔找到合適的切入點

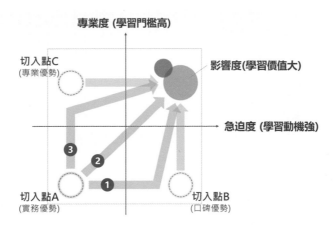

除了專業度、急迫度之外，還要考慮到影響度。這是指這個問題對於需求端帶來的困擾影響，反過來說，也就是解決問題後可以創造的效益。在任何一塊市場，我們都應該追求影響度大的部位，才能事半功倍；以有限的時間創造更大的價值，自然會反映到價格上。

從影響度的觀點來看，創造被動收入也是另一種選項，比如說：線上課程、訂閱服務等等。

衡量自身條件找切入點

定位確定後，再來是切入點。

這要看你的當下的能力條件與優勢，簡單可區分為專業優勢、實務優勢、口碑優勢這三個切入點。比方說，律師、會計師憑藉的是專業優勢，如果是在

大型事務所有過工作經驗，可能還具備實務優勢與口碑優勢。所以成為自雇者可以選擇的切入點就相對較多。

以我自己的經歷來說，直接從職場轉換從零開始，在市場上完全沒有口碑與人脈優勢，加上專業度也不是落在稀有領域，但有豐富的實務經驗，所以我選擇從切入點 A 出發。當然你也可以根據自身的定位，在這張圖（圖 5-12）上的任何一點出發。

設定目標點

確認了定位點，接下來還需要設定目標點。這可以根據市場需求來評估，比方說商務簡報，就可以根據市場的不同需求設定不同的目標點，如銷售簡報、募資簡報、工作簡報、升等簡報、策略簡報等等，分別對應這張圖上的不同位置。

規劃路徑

有了定位（初始點）與目標點，就可以開始規劃路徑。有三條路徑可以前往目標區：

① 右側迂迴：專業度低、急迫性強的市場需求，比如說基層員工的工作簡報。

② 直線前行：專業度高、急迫性強的市場需求，比如說大型企業的策略簡報、銷售簡報。

③ 左側迂迴：專業度高、急迫性弱的市場需求，比如說研發、技術人員的技術型簡報。

以我自己的經驗，成效與難度的綜合考量，優先順序會是①、②、③。但其實，我在三條路徑上都各自有規劃項目。一方面是為了驗證市場真實需求與服務提供的商業模式，另一方面是與市場現有競爭者做出明顯區隔。

我給有志成為知識型自雇者的建議是，掌握市場的脈絡、了解自己的優劣勢，設定適當的目標、選擇正確的定位，你就會清楚該努力的方向與方式。

我用模組化簡報，
解決 99.9% 的工作難題

簡報職人教你讓全球頂尖企業都買單的企業簡報術

[JOB]
[006]

作　　　　者	劉奕酉
責 任 編 輯	魏珮丞
封 面 設 計	兒日設計
排　　　　版	JAYSTUDIO
總 　編 　輯	魏珮丞
出　　　　版	新樂園出版／遠足文化事業股份有限公司
發　　　　行	遠足文化事業股份有限公司（讀書共和國集團）
地　　　　址	231 新北市新店區民權路 108-2 號 9 樓
郵 撥 帳 號	19504465 遠足文化事業股份有限公司
電　　　　話	（02）2218-1417
信　　　　箱	nutopia@bookrep.com.tw
法 律 顧 問	華洋法律事務所　蘇文生律師
印　　　　製	呈靖彩藝有限公司
出 版 日 期	2020 年 02 月 19 日（初版 1 刷）
	2023 年 08 月 06 日（初版 9 刷）
定　　　　價	450 元
I　S　B　N	978-986-98149-6-6
書　　　　號	1XJO0006

特別聲明：

有關本書中的言論內容，不代表本公司 / 出版集團之立場與意見，文責由作者自行承擔。

國家圖書館出版品預行編目 (CIP) 資料

我用模組化簡報，解決 99.9% 的工作難題：簡報職人教你讓全球頂尖企業都買單的
企業簡報術
劉奕酉著 —— 初版 —— 新北市：新樂園出版：遠足文化發行，2020.02
288 面；17 × 22 公分——〔Job；6〕

ISBN 978-986-98149-6-6 （平裝）

1. 簡報

494.6　　　　　　　　　　　　　　　　　　　109001028

新樂園
Nutopia

・新樂園粉絲專頁・